高职高专特色课程规划教材

电厂锅炉设备及系统

主编　宋党伟

编委　王荣梅　张樱珞

东北大学出版社

·沈　阳·

图书在版编目（CIP）数据

电厂锅炉设备及系统 / 宋党伟主编. — 沈阳 ：东北大学出版社，2021. 1

ISBN 978-7-5517-2619-1

Ⅰ. ①电… Ⅱ. ①宋… Ⅲ. ①火电厂—锅炉—高等职业教育—教材 Ⅳ. ①TM621. 2

中国版本图书馆 CIP 数据核字（2020）第 268227 号

内容简介

本教材针对高职高专教育的需要，系统地介绍了火电厂使用较普遍的煤粉锅炉和循环流化床锅炉的基本结构、工作原理、特性及运行问题和注意事项等。主要内容包括：锅炉的基本知识，燃料及锅炉热平衡，煤粉制备系统，燃烧原理及设备，汽水系统，风烟系统，除尘、脱硫、脱硝系统，循环流化床锅炉，电厂锅炉事故及节能减排分析等。

本教材可作为高职高专电力技术类电厂热能动力装置、电厂锅炉运行及火电厂集控运行等相关专业使用的教材，也可供从事锅炉运行、安装和管理的工作人员参考，还可用于电厂生产人员培训。本教材中有些知识点配有图片和表格，可以帮助读者理解所学内容。

出 版 者：东北大学出版社
地址：沈阳市和平区文化路三号巷 11 号
邮编：110819
电话：024-83687331(市场部)　83680267(社务部)
传真：024-83680180(市场部)　83680265(社务部)
网址：http://www.neupress.com
E-mail：neuph@neupress.com
印 刷 者：辽宁一诺广告印务有限公司
发 行 者：东北大学出版社
幅面尺寸：185 mm×260 mm
印　　张：10. 25
字　　数：224 千字
出版时间：2021 年 1 月第 1 版
印刷时间：2021 年 1 月第 1 次印刷
策划编辑：牛连功
责任编辑：袁竹筠　杨世剑
责任校对：周　朦
封面设计：潘正一

ISBN 978-7-5517-2619-1　　定　价：30. 00 元

前 言

随着科学技术的进步和社会经济的高速发展，人们对电力的需求量不断增加。电站锅炉作为电厂能量转换的主要设备之一，在生产过程中起着不可或缺的重要作用。锅炉设备及生产技术不断革新，要求企业人员、学生和教师必须及时掌握锅炉的结构、系统和运行等方面的新知识。

本教材为了适应当前高等职业教育的需要而编写。本教材内容紧紧围绕培养适应生产、建设、管理、服务第一线所需要的“留得住，下得去，用得上”的高技能人才的目标，坚持高职教育以学生为主体、以能力为本位的宗旨，突出职业能力培养的教育特点，适应人才培养模式的教学改革，对接企业对电厂热能动力装置人员的标准要求。

本教材内容包括电站煤粉锅炉和循环流化床锅炉设备的相关理论专业知识与职业技能知识。在编写过程中，对涉及的相关专业设备及技能知识进行了重构，紧密围绕专业培养目标，针对电厂的实践生产工作任务，将内容划分为九章。本教材密切结合电厂热能动力装置、电厂锅炉运行及火电厂集控运行专业的教学要求和职工培训的需要，全面系统地讲述了锅炉的设备结构、系统及工作原理等专业知识。

本教材由宋党伟担任主编，王荣梅、张樱珞担任编委。其中，宋党伟主要负责第一、二、三、五、六、七、八章的编写，张樱珞负责第四章的编写，王荣梅负责第九章的编写。本教材由宋党伟统稿。本教材在编写过程中，还得到了中信锦州金属股份有限公司杨洪、刘少峰和抚顺石油热电公司张航等相关企业专家的大力帮助与支持，在此表示衷心感谢。

由于编者水平有限，本教材中难免存在不足之处，欢迎读者批评指正。

编 者

2020 年 5 月

前言

目 录

第一章　锅炉的基本知识

锅炉是一种能量转换设备，能将燃料的化学能转换为工质的热能。锅炉的主要作用是使燃料在其内燃烧放出大量的热，将锅炉内的工质水加热成具有一定温度、压力和品质的蒸汽。按照用途可将锅炉分为电站锅炉和工业锅炉。电站锅炉又称电厂锅炉，是指向汽轮机提供规定数量和质量蒸汽的中大型锅炉，常与一定容量的汽轮发电机组相配套，主要用于发电。工业锅炉是机械、冶金、化工、纺织、造纸、食品等工业生产工艺的供汽、供热设备，也是民用建筑的采暖供热热源。本教材主要介绍的是电站锅炉。

【知识目标】

(1)掌握锅炉的作用；了解锅炉的发展历史。

(2)掌握锅炉设备的结构及工作过程。

(3)理解锅炉技术规范的含义。

(4)掌握锅炉的分类及锅炉型号的表示方法。

【能力目标】

(1)能正确叙述锅炉的作用、结构组成、工作过程，以及锅炉各主要部件的作用和位置布置。

(2)能正确叙述不同类型锅炉的工作原理，并能简要分析各自的特点。

(3)能正确识读电厂锅炉的型号，并根据锅炉型号读出锅炉的相关参数。

第一节　锅炉的发展

锅炉发展至今已经有200多年的历史，随着科学技术和电力工业的飞速发展，锅炉在结构形状和技术水平上都得到不断改进和更新。中华人民共和国成立后，我国才开始自主设计和制造电厂锅炉。

1953年，我国成立了第一家锅炉厂——上海锅炉厂，并于1955年自行生产制造了中国第一台40 t/h配6 MW机组的中压链条锅炉。

20 世纪 50 年代后期，我国自主生产制造了 120 t/h，230 t/h 配 25 MW，50 MW 的自然循环高压煤粉锅炉。

20 世纪六七十年代，又相继自主生产制造了 400 t/h，670 t/h 配 125 MW，200 MW 机组的高压、超高压锅炉。随着电厂锅炉朝着大容量、高参数方向发展，我国生产制造了一些 1000 t/h 配 300 MW 机组的亚临界压力直流锅炉，同时也引进了一些 300 MW 和 500 MW的低循环倍率锅炉。在燃烧技术方面，发展了液态排渣炉和小型鼓泡流化床锅炉。

20 世纪 80 年代，改革开放使设备和技术的引进速度加快，我国开始生产制造 2000 t/h 配 600 MW 机组的亚临界控制循环锅炉，而且锅炉的设计、制造、安装和运行水平得到大幅度的提升，达到了世界先进水平，但是与国外发达国家相比，还存在一定差距。

进入 21 世纪以后，随着经济的高速发展和国外先进技术的引进，我国火电机组进入了 1000 MW 的超临界和超超临界参数发展的新时期，其发展速度迅猛。当前我国在建电厂项目中主要采用亚临界机组和超临界机组。亚临界机组以国产为主，超临界机组主要依靠进口。近年来，在我国火电建设领域，超超临界发电机组项目的比例不断提高，已成为今后我国燃煤火电机组建设的发展重点。

随着国家对节约能源和环保要求的日益严格，在煤种变化较大和电厂负荷调节范围较大的情况下，循环流化床技术成为电厂优选的技术之一。20 世纪 80 年代，德国鲁奇公司首先取得了循环流化床装置的专利，并研究开发出当时世界上最大的 270 t/h 循环流化床锅炉，由此引发了全世界循环流化床的研究热潮。我国循环流化床燃烧技术起步于 20 世纪 80 年代初期，于 1984 年建起国内第一台 4 t/h 循环流化床燃烧试验装置，并开展了系统的试验研究工作。1988 年，生产制造了 10 t/h 循环流化床工业锅炉，这是我国第一台循环流化床工业锅炉产品。1989 年，设计制造了我国第一台 35 t/h 循环流化床发电锅炉。2002 年，生产制造了我国第一台 130 t/h 循环流化床锅炉。2004 年，生产制造了220 t/h高温高压循环流化床锅炉。随着世界最大的 600 MW 超临界循环流化床锅炉的成功运行，且各项技术指标达到设计值，代表循环流化床发电技术迈上一个新的台阶。之后，国内一大批 350 MW 超临界循环流化床锅炉积极进行调试、建设。未来流化床锅炉技术将进入超超临界参数序列，同时循环流化床技术将得到进一步发展和更新。

能源与环境的协调发展仍是当今社会的两大主要问题。降低发电煤耗和减少燃煤锅炉对环境的污染是电力行业可持续发展的关键所在。在世界范围内，电厂锅炉仍是朝着大容量、高参数的超临界、超超临界压力发电技术方向发展。

第二节 锅炉的设备构成

锅炉是火力发电厂三大主机之一。在火力发电厂中，燃料进入锅炉燃烧放热，产出高温高压的蒸汽进入汽轮机做功，汽轮机再带动发电机进行发电。锅炉整体的结构包括锅炉本体、辅助设备和锅炉附件等，如图 1-1 所示。

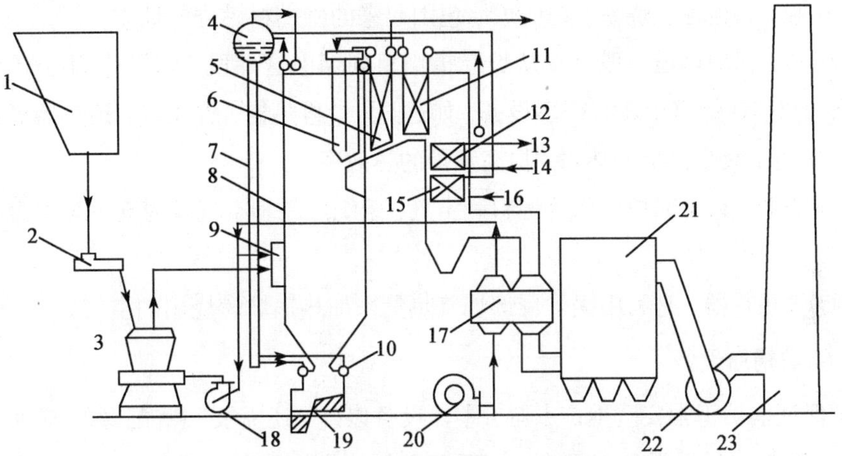

图 1-1 电厂煤粉锅炉设备构成及工作流程示意图

1—原煤斗；2—给煤机；3—磨煤机；4—汽包；5—高温过热器；6—屏式过热器；7—下降管；8—炉膛水冷壁；9—燃烧器；10—下联箱；11—低温过热器；12—再热器；13—再热蒸汽出口；14—再热蒸汽入口；15—省煤器；16—给水；17—空气预热器；18—排粉风机；19—除渣装置；20—送风机；21—除尘器；22—引风机；23—烟囱

一、锅炉本体设备

锅炉本体是由汽水系统（锅）和燃烧系统（炉）组成的。

1.汽水系统

锅炉的汽水系统主要由省煤器、汽包、下降管、联箱、水冷壁、过热器、再热器等组成，其主要任务是有效地吸收燃料燃烧释放出的热量，将进入锅炉的给水加热成具有一定温度和压力的过热蒸汽。

（1）省煤器。它利用锅炉尾部烟气热量来加热锅炉给水。

（2）汽包。它是省煤器、水冷壁及过热器的连接点。它接受从省煤器来的给水和水冷壁出口的汽水混合物，并将饱和蒸汽输送到过热器。

（3）下降管。下降管把汽包内的水连续不断地通过下联箱供给水冷壁。

（4）联箱。在锅炉中，把许多作用一致、平行排列的管子连在一起的筒形容器称作联箱或集箱。它在系统中主要起到汇集、混合、再分配工质的作用。

（5）水冷壁。它是锅炉的主要辐射受热面，主要吸收燃烧室内的热量，加热水冷壁内的工质，同时起到保护炉墙的作用。

（6）过热器。它将饱和蒸汽加热成具有一定温度的过热蒸汽。

（7）再热器。它将汽轮机高压缸的排汽加热到过热蒸汽温度。

2.燃烧系统

锅炉的燃烧系统主要由炉膛、烟道、燃烧器、空气预热器等组成，其主要任务是使燃料在炉内能够良好燃烧，放出热量。

（1）炉膛。它也称燃烧室，是由炉墙包围起来的供燃料燃烧的地方。

（2）烟道。锅炉烟道一般是指从炉膛折焰角到烟囱这一段。除了作为排烟通道这一基本设备以外，在烟道中还有很多设备，如过热器、再热器、省煤器、预热器等，这些设备的主要作用是吸收排烟的热量，提高锅炉的热效率。

（3）燃烧器。它向锅炉内送入燃料和空气，组织燃料和空气及时充分地混合，保证着火稳定。

（4）空气预热器。它利用锅炉尾部烟气热量来加热锅炉燃烧用的空气。

二、锅炉辅助设备

为了保证锅炉正常安全生产，除了本体设备以外，还需要一些配套的辅助设备配合工作。锅炉配套的辅助设备有很多，主要有燃料的供给与制备系统，通风系统，给水系统，除渣系统，除尘系统，脱硫、脱硝系统及锅炉上装设的安全附件和仪表等。

（1）燃料的供给与制备系统。它的作用是将煤场的块煤磨制成一定细度的煤粉，干燥并输送至炉膛进行燃烧。设备主要有输煤皮带、给煤机、磨煤机、排粉机等。

（2）通风系统。它的作用是向锅炉内输送燃料燃烧所需要的空气，同时要排出燃烧后产生的烟气。设备主要有送风机、引风机和烟囱等。

（3）给水系统。它的作用是向锅炉给水，主要设备有给水泵、给水管道等。

（4）除渣系统。它的作用是清除燃料燃烧后从炉膛落下的灰渣，主要设备有碎渣机、除渣机等。

（5）除尘系统。它的作用是减少和清除烟气中携带的飞灰，以免进入大气中污染环境。

（6）脱硫、脱硝系统。为减少环境的污染，烟气脱硫、脱硝系统是不可缺少的辅助设备。脱硫系统的任务是脱除掉烟气中的 SO_2 和 SO_3，主要设备有脱硫吸收塔、脱硫氧化池、石膏浆泵和水力旋流分离器等。烟气脱硝系统的任务是脱除掉烟气中的氮氧化物，其 NO_x 还原技术主要有选择性催化还原技术 SCR 和选择性非催化还原技术 SNCR。

（7）安全附件和仪表。锅炉上还装设有很多安全附件和仪表，一般包括安全阀、水位计与高低位水位报警装置、压力表、吹灰器、排污、汽水管道和阀门等装置及热工仪表。

其中，安全阀是用来防止锅炉超压的安全保护装置；水位计是监视汽包水位高低的装置；吹灰器是用来清除空气预热器等受热面积灰的装置。

第三节　锅炉的工作过程和技术规范

一、锅炉的工作过程

锅炉的工作过程主要包括燃烧系统工作和汽水系统工作。

1.燃烧系统

燃烧需要燃料和空气，燃烧过程中会产生高温烟气。因此，为了便于理解和记忆，把电站煤粉锅炉的燃烧系统分为制粉过程、空气预热过程、烟气余热利用和除尘过程。燃烧系统工作流程示意图如图 1-2 所示。

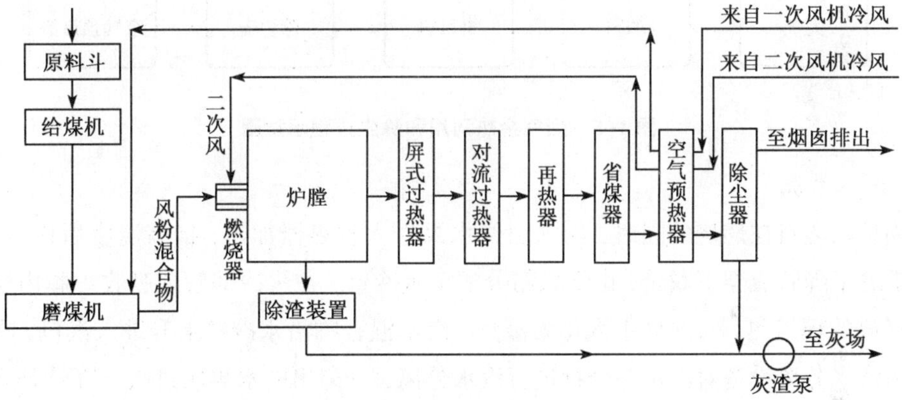

图 1-2　锅炉燃烧系统工作流程示意图

(1)制粉过程。简单地说，制粉过程就是把大块煤制成一定细度的煤粉；具体地说，制粉过程就是原煤仓中的块煤通过给煤机送到磨煤机，在磨煤机中对煤进行研磨。磨制成的煤粉被来自空气预热器的热空气干燥并吹入煤粉分离器，经过分离后，合格的煤粉被空气送入炉膛着火燃烧。制粉流程示意图如图 1-3 所示。

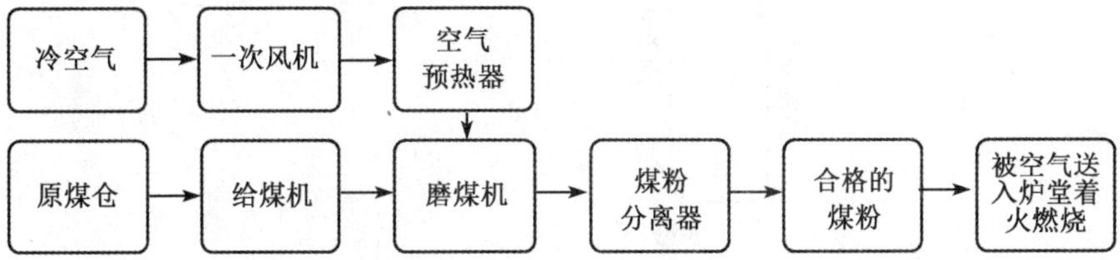

图 1-3　制粉流程示意图

(2)空气预热过程。空气预热过程，就是冷空气经送风机升压后送入空气预热器，被高温烟气加热成热空气，然后通过热风道将其中一部分送到磨煤机，用以干燥和输送煤粉，另一部分热空气被直接送到燃烧器二次风喷口燃烧。空气预热流程示意图如图 1-4 所示。

图 1-4　空气预热流程示意图

(3)烟气余热利用和除尘过程。烟气余热利用和除尘过程示意图如图 1-5 所示。

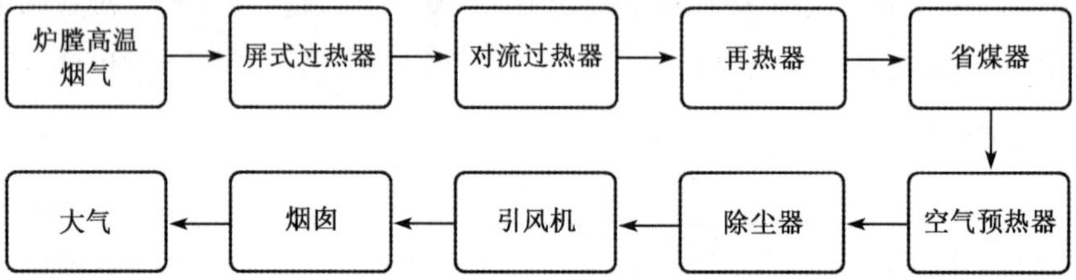

图 1-5　烟气余热利用和除尘过程示意图

2.汽水系统

锅炉内燃料在燃烧的同时，给水由给水泵送入省煤器加热，提高温度后进入汽包，然后沿着下降管流至下联箱，由下联箱分配至水冷壁，在水冷壁管内吸收炉膛内燃料燃烧所释放的辐射热，一部分水汽化为蒸汽，汽水混合物沿水冷壁上升进入汽包，在汽包内利用汽水分离设备对汽水混合物进行汽水分离，分离出的水再次进入下降管补入水冷壁继续吸收热量，如此循环。分离出来的蒸汽从汽包顶部的饱和蒸汽引出管引至过热器，在过热器中饱和蒸汽进一步被加热成过热蒸汽，然后经主蒸汽管道送到汽轮机做功。锅炉汽水流程示意图如图 1-6 所示。

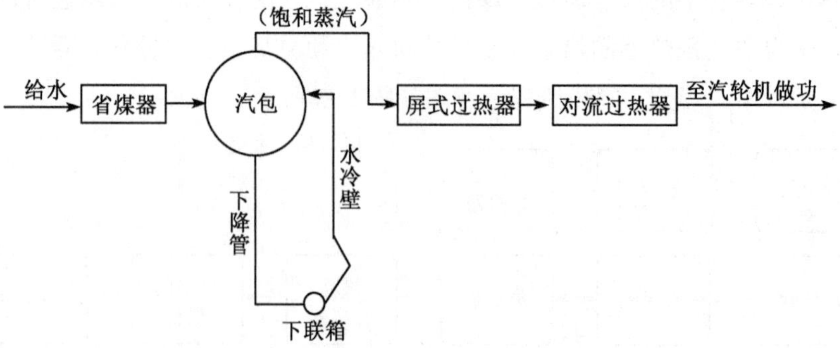

图 1-6　锅炉汽水流程示意图

二、锅炉的技术规范

电厂锅炉的主要技术规范是指对锅炉的容量、蒸汽参数和给水温度等的基本规定，表示锅炉在工作时的基本特性。

1.锅炉容量

锅炉的容量就是锅炉蒸发量，是反映锅炉生产能力大小的数据，常用符号 D 表示，单位为 t/h(吨/小时)。习惯上，电站锅炉容量也用与之配套的汽轮发电机组的电功率来表示，如 200，300，600 MW 等。

在大型锅炉中，锅炉容量分为额定蒸发量和最大连续蒸发量。额定蒸发量是指在额定蒸汽参数、额定给水温度、使用设计燃料并保证热效率时所规定的蒸汽量。蒸汽锅炉的最大连续蒸发量是指在额定蒸汽参数、额定给水温度、使用设计燃料长期连续运行时所能达到的最大蒸汽量。

2.锅炉蒸汽参数

锅炉的蒸汽参数是指锅炉过热器出口处的蒸汽温度和蒸汽压力。蒸汽温度常用符号 t 表示，单位为℃；蒸汽压力常用符号 p 表示，单位为 MPa(kgf/cm^2)。锅炉设计时所规定的蒸汽温度和蒸汽压力称为额定蒸汽温度和额定蒸汽压力。对于具有中间再热的锅炉，蒸汽参数中还应有再热蒸汽温度和压力。

3.给水温度

锅炉给水温度是指给水在省煤器入口处的温度。一般而言，不同蒸汽参数的锅炉的给水温度也不一样。

第四节　锅炉的分类及型号

一、锅炉的分类

电厂锅炉有很多种分类方法，如按照燃用燃料、排渣方式、燃烧方式、蒸汽压力、工质流动特性等进行分类。下面主要介绍这五种分类方法。

1.按照燃用燃料分类

(1)燃煤炉。它是以煤为燃料的锅炉。

(2)燃油炉。它是以石油产品(如柴油、重油)为燃料的锅炉。

(3)燃气炉。它是以气体燃料(如天然气、城市煤气及工业废气)为燃料的锅炉。

2.按照排渣方式分类

(1)固态排渣炉。燃料燃烧后产生的炉渣以固体状态从燃烧室排出的锅炉，称为固态排渣炉。它是燃煤锅炉的主要排渣方式。

(2)液态排渣炉。燃料燃烧后生成的炉渣在熔渣室的高温下熔化成液态从炉膛排出的锅炉，称为液态排渣炉。

3.按照燃烧方式分类

(1)层燃炉。它具有炉箅子，煤块或固体燃料主要分布在炉箅子上方燃烧。而燃烧用空气从炉箅子下方送入，穿过燃料层进行燃烧反应。

(2)室燃炉。它是指燃料在炉膛空间呈悬浮状燃烧的锅炉。燃烧煤粉的室燃炉也叫作煤粉炉，是目前电站锅炉的主要类型，如图 1-7 所示。

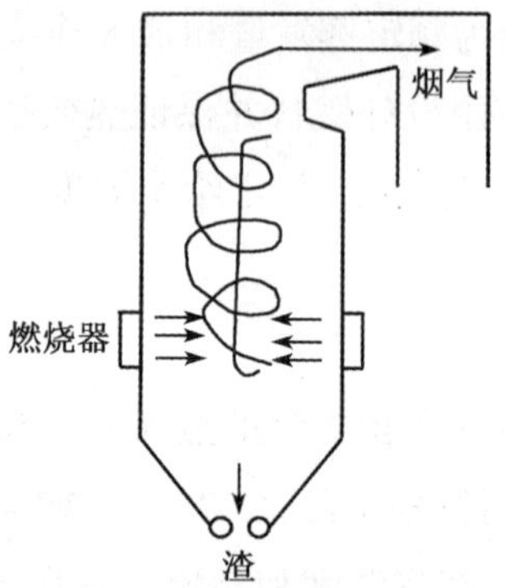

图 1-7　室燃炉结构示意图

(3)旋风炉。它是一种以旋风筒作为主要燃烧室的锅炉，粗煤粉和空气在旋风筒内强烈旋转并燃烧。其燃烧速度比煤粉炉高得多，但主要针对特殊煤种而采用，通常采用液态排渣，如图 1-8 所示。

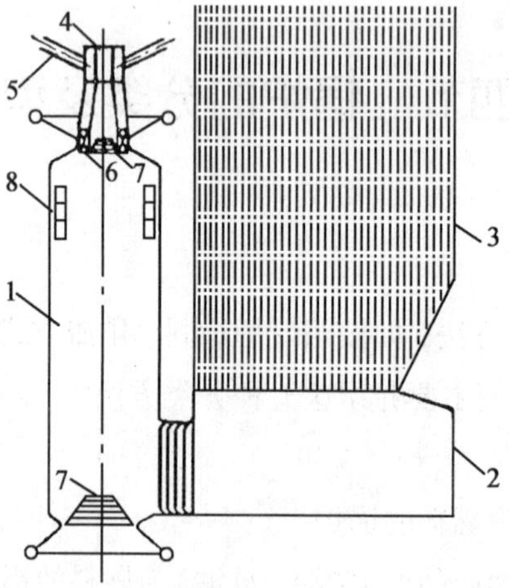

(a)前置式立式旋风炉结构示意图

1—筒体；2—燃尽室；3—冷却炉膛；4—燃烧器；5—一次风管；

6—叶片；7—冷却管圈；8—二次风喷口

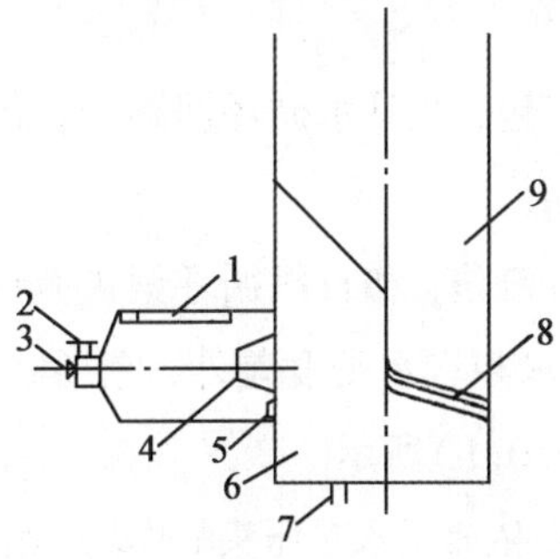

(b)(轴向进煤)卧式旋风炉结构示意图

1—二次风喷口；2—蜗壳一次风进口；3—中心风管；4—出口尾椎；

5—旋风筒出渣口；6—燃尽室；7—总出渣口；8—捕渣口束；9—冷却炉膛

图 1-8 旋风炉结构示意图

(4)流化床炉。炉膛空间被一块板(布风板)从下部某一高度处一分为二，上面的空间叫作燃烧室，下面的空间叫作风室。在布风板上面均匀放置一定厚度的固体小颗粒燃料，空气通过布风板风帽自下而上均匀进入燃烧室，使布风板上的固体燃料呈现出一种上下翻腾的燃烧现象。目前的流化燃烧锅炉已经演变为循环流化床锅炉。当煤质特别差、发热量特别低，采用煤粉炉燃烧比较困难时，可以采用循环流化床锅炉。流化床锅炉结构示意图如图 1-9 所示。

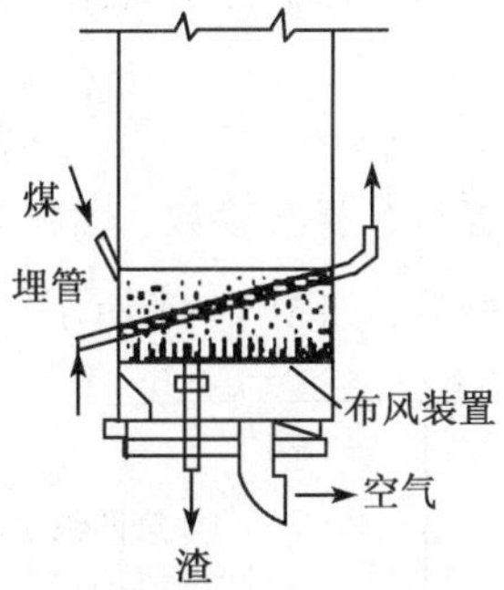

图 1-9 流化床锅炉结构示意图

4.按照蒸汽压力分类

(1)低压锅炉。它是指出口额定蒸汽压力不超过 2.5 MPa 的锅炉。

(2)中压锅炉。它是指出口额定蒸汽压力为 3.0~5.0 MPa 的锅炉。

(3)高压锅炉。它是指出口额定蒸汽压力为 8.0~11.0 MPa 的锅炉。

(4)超高压锅炉。它是指出口额定蒸汽压力为 12.0~15.0 MPa 的锅炉。

(5)亚临界压力锅炉。它是指出口额定蒸汽压力为 16.0~20.0 MPa 的锅炉。

(6)超临界压力锅炉。它是指出口额定蒸汽压力超过临界压力(22.1 MPa)的锅炉。需要注意的是，临界压力按照 1 MPa = 10.2 kgf/cm^{2}进行换算，其余压力均按照 1 MPa = 10.0 kgf/cm^{2}换算。

5.按照工质流动特性分类

(1)自然循环锅炉。它有汽包，在其水循环回路中，介质流动的动力是水与汽水混合物的密度差，如图 1-10(a)所示。

(2)控制循环锅炉。它也有汽包，和自然循环锅炉有许多相似之处，不同之处在于水循环回路中介质流动的动力除水和汽水密度差外，它还在下降管上设置了循环泵来增强工质循环流动的动力，如图 1-10(b)所示。

(3)直流锅炉。它没有汽包，依靠给水泵压头的作用，给水经过受热面，生成具有一定压力和温度的蒸汽。直流锅炉和控制循环锅炉都属于强制循环锅炉，如图 1-10(c)所示。

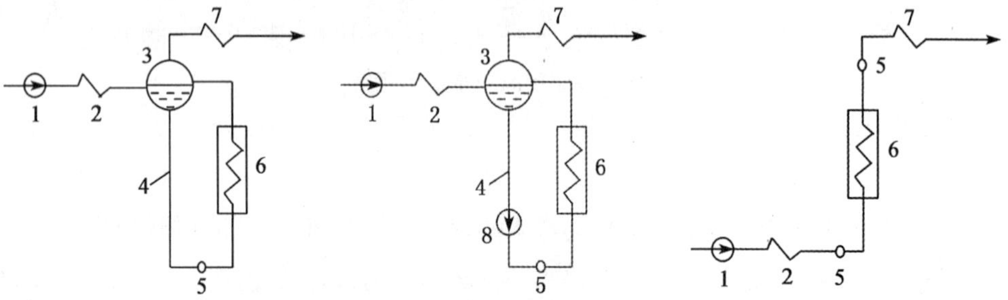

(a) 自然循环锅炉　　(b) 控制循环锅炉　　(c) 直流锅炉

图 1-10　蒸发受热面内工质流动方式示意图

1—给水泵；2—省煤器；3—汽包；4—下降管；5—联箱；6—水冷壁；7—过热器；8—炉水循环泵

二、电厂锅炉型号

锅炉型号可以表示锅炉的容量、蒸汽参数、燃料等基本特征。目前我国国产电站锅炉采用三组或四组字码表示其型号，如图 1-11 所示。

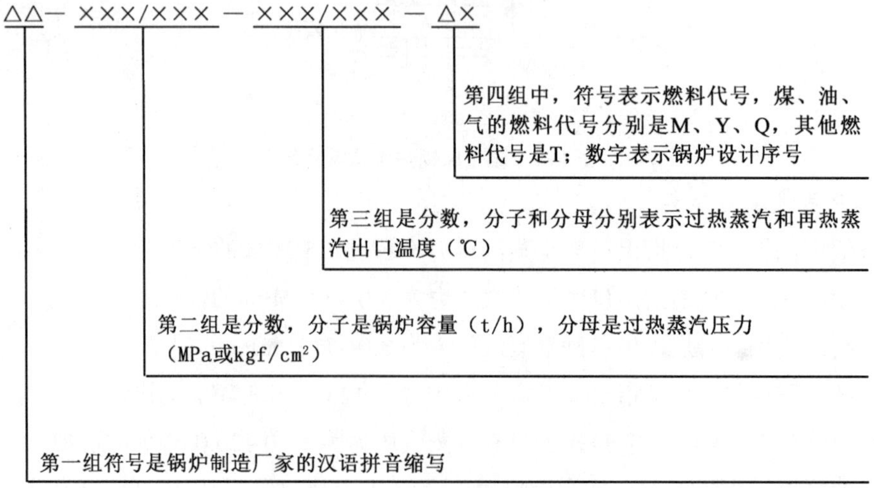

图 1-11　电厂锅炉型号表示方法

△—字母；×—数字

中、高压锅炉采用三组字码表示。例如 DG-400/9.8-M 型锅炉，表示东方锅炉厂制造，锅炉容量为 400 t/h，过热蒸汽压力为 9.8 MPa，设计燃料为煤。

超高压及以上的发电机组均采用蒸汽中间再热，即锅炉装有再热器，故用 4 组字码表示。例如 HG-1000/16.7-540/540-M4 型锅炉，表示哈尔滨锅炉厂制造，锅炉容量为 1000 t/h，过热蒸汽压力为 16.7 MPa，过热蒸汽温度为 540 ℃，再热蒸汽温度为 540 ℃，设计燃料为煤，第 4 次设计的锅炉。

第二章　燃料及锅炉热平衡

【知识目标】

(1)了解煤的组成成分及其性质，熟悉煤成分的计算基准。

(2)掌握电厂用煤的分类。

(3)了解锅炉热平衡的意义；掌握锅炉热平衡方程式、各项热损失的概念及影响因素。

【能力目标】

(1)能正确说出煤的组成成分，能根据煤中所含成分的高低分析其对锅炉工作的影响。

(2)能正确表述燃料发热量的概念，会分析发热量高低对锅炉工作的影响。

(3)能正确说明灰熔融性的表示方法，能根据灰熔点高低分析结渣的可能性。

(4)能根据有关指标判断煤的种类，并正确说明不同种类煤的燃烧特性。

(5)能正确叙述锅炉各项热损失的含义，并能够正确提出提高锅炉热效率及降低热损失的措施。

第一节　煤的组成成分及其性质

煤的化学成分非常复杂，为了掌握煤的性质和锅炉的相关计算，需要了解煤的组成成分，可按元素分析法和工业分析法来确定煤的组成成分及其性质。

一、煤的元素分析

煤的元素分析是指全面测定煤中所含化学成分的分析方法，它是锅炉燃烧计算和研究煤的基本特性的主要依据。煤的元素分析成分主要有：碳(C)、氢(H)、氧(O)、氮(N)、硫(S)五种元素和灰分(A)、水分(M)。其中，碳、氢、硫是可燃成分，氧和氮是煤的内部杂质，灰分和水分是煤的外部杂质，这些杂质都是不可燃成分。下面分别介绍煤中各成分的基本性质。

1.碳(C)

碳是煤中主要的可燃元素，是煤的发热量的主要来源，含量最多(达50%~90%)。碳不易着火，在较高温度下才能燃烧，但发热量大。煤的碳化程度越深，含碳量越多，着火燃烧越困难。

2.氢(H)

氢的发热量约为碳的3.7倍，但含量较少(为1%~6%)。氢很容易着火，燃烧迅速，故燃料中含氢越多，越容易着火燃烧。但是氢燃烧后要生成水蒸气，使炉内温度下降，又给尾部受热面发生低温腐蚀提供了条件。另外，还增加了烟气量，使排烟损失增大，尾部受热面磨损加剧，如果烟气中水蒸气过多，还有可能造成堵灰。

3.硫(S)

硫是煤中的可燃元素，含量非常少(为0.5%~8%)，发热量较低，约为9000 kJ/kg。硫是有害元素，它燃烧后生成的SO_x与烟气中的水蒸气结合时生成硫酸，会对锅炉尾部受热面造成低温酸性腐蚀，并造成大气环境污染。对含硫较高(在1.5%以上)的燃料，可采用炉外预先脱硫或炉内燃烧及烟气脱硫的办法。

4.氧(O)和氮(N)

氧和氮是不可燃元素，称为煤的内部杂质。游离状态存在的氧虽能助燃，但它在煤中的含量与大气中氧含量相比是非常少的。氮不但不能燃烧放热，还要吸热。另外，氮在燃烧反应后会生成有害气体NO_x，造成大气环境污染，是有害元素。

5.水分(M)

水分是煤中的主要外部杂质。煤中的水分(全水分M_t)由表面水分(外在水分M_f)和固有水分(内在水分M_{inf})组成。表面水分主要是由于雨露冰雪和在开采、运输、储存过程中进入煤中的水分，依靠自然干燥可以除去。而内在水分是煤形成过程中存在其里的，不能依靠自然干燥的方法除去，必须把煤加热到105 ℃左右，保持1~3 h，才能除掉。

由于水分的存在，不仅使煤中的可燃元素相对减少，而且煤燃烧时水分蒸发还会吸收热量，使煤的发热量降低。同时，它还会生成大量的水蒸气，使排烟量加大，排烟损失增加，还会给尾部受热面发生低温腐蚀提供有利条件。

水分多的煤引燃困难，燃烧时间延长，会降低炉膛温度，进而降低锅炉效率。

6.灰分(A)

灰分也是煤中的主要外部杂质。灰分含量越多，煤中的可燃烧成分相对越少，越不易完全燃尽。灰粒随烟气流动时，会造成锅炉受热面磨损和积灰。灰分还可能引起受热面结焦，影响受热面的安全与传热，还会因排渣增多而引起炉渣热损失增加。

二、煤的工业分析

煤的元素分析法较复杂，电厂经常采用简单的煤的工业分析法。

在煤的着火和燃烧过程中，煤中各种物质的变化是：首先水分被蒸发出来；接着煤中的氢、氧、氮、硫及部分碳组成的有机化合物便进行热分解，变成气体挥发出来，这些气体称为挥发分；挥发分析出后，剩下的是焦炭，焦炭就是固定碳和灰分的组成物。煤的工业分析就是利用煤在加热燃烧过程中的失重进行定量分析，测定煤的水分、挥发分、固定碳和灰分的各成分的质量百分含量，它是发电用煤分类的依据。

1.水分(M)

把煤试样放在温度为105~110 ℃的干燥箱内恒温干燥(2~3 h)，所失去的质量占原试样质量的百分比称为该煤的水分值(全水分)。

2.挥发分(V)

煤样失去水分后，将其放入带盖的坩埚中，置于900 ℃高温电炉内，隔绝空气继续加热，有机物分解不断析出挥发分气体，保持约7 min后，煤样因气体挥发而失去的质量占原煤样质量的百分数，称为该煤的挥发分值。

挥发分中主要是可燃性气体，如CO，H_2，H_2S，C_nH_m等；还有少量的不可燃气体，如O_2，CO_2，N_2等。因此挥发分是煤在加热过程中所分解出的可燃性气体，因而它不是煤中固有的。挥发分含量高的煤很容易着火，燃烧速度快，并有利于燃尽，这是因为：

(1)挥发分是可燃性气体，燃点低很容易着火；

(2)挥发分着火后对煤粒进行加热，促使其尽快着火；

(3)挥发分析出后，煤变得疏松，孔隙增多，增大了煤的燃烧面积，会加速煤的燃烧过程。

因此，挥发分是煤的燃烧特性中一个主要的特性数据，也是对电厂用煤进行分类的主要依据。

3.固定碳(FC)和灰分(A)

煤样除去水分和挥发分后，剩余的煤的固体部分称为焦炭，焦炭是由固定碳和灰分组成的。将焦炭在空气中加热至(815±10)℃，灼烧(不出现火焰)到质量不再改变后取出冷却，这时焦炭失去的质量就是固定碳的质量，剩余部分则是灰的质量。这两个质量分别占原煤样的质量百分数就是固定碳和灰分的含量。

三、煤成分的计算基准

煤由碳、氢、氧、氮、硫五种元素及水分、灰分等组成，这些成分都以质量百分数含量计算，且其总和为100%。

由于煤中灰分和水分含量容易受外界条件的影响而发生变化，所以单位质量的煤中其他成分的质量百分数也会随之发生变化。即使同一种煤，在不同的条件下，各成分含量也会发生变化。因此，需要根据煤存在的条件或根据需要而规定的成分组合作为基准，才能准确反映煤的性质。一般煤的分析基准有以下四种。

1.收到基

以收到状态的煤为基准计算煤中全部成分的组成称为收到基。对进厂原煤或入炉前的煤都应按收到基计算各项成分。收到基是锅炉燃料实际应用煤的成分，故在锅炉设计、试验、燃烧计算时使用。收到基以下角标 ar 表示。

元素分析：$C_{ar}+H_{ar}+O_{ar}+N_{ar}+S_{ar}+A_{ar}+M_{ar}=100\%$。

工业分析：$FC_{ar}+V_{ar}+A_{ar}+M_{ar}=100\%$。

2.空气干燥基

供分析化验的煤样在实验室一定温度条件下，以自然干燥失去外在水分的煤为基准进行分析所得各种成分的质量百分数。空气干燥基以下角标 ad 表示。

元素分析：$C_{ad}+H_{ad}+O_{ad}+N_{ad}+S_{ad}+A_{ad}+M_{ad}=100\%$。

工业分析：$FC_{ad}+V_{ad}+A_{ad}+M_{ad}=100\%$。

3.干燥基

以假想无水状态的煤为基准计算煤中成分的组合称为干燥基。由于干燥基中没有水分，所以灰分不受水分变动的影响，灰分含量百分数比较稳定，可用于比较两种煤的含灰量，干燥基以下角标 d 表示。

元素分析：$C_d+H_d+O_d+N_d+S_d+A_d=100\%$。

工业分析：$FC_d+V_d+A_d=100\%$。

4.干燥无灰基

以假想无水、无灰状态的煤为基准计算煤中成分的组合称为干燥无灰基。由于它不受水分、灰分影响，因此常用于比较两种煤中的碳、氢、氧、氮、硫成分含量的多少。干燥无灰基以下角标 daf 表示。

元素分析：$C_{daf}+H_{daf}+O_{daf}+N_{daf}+S_{daf}=100\%$。

工业分析：$FC_{daf}+V_{daf}=100\%$。

对同一种煤，各基准之间可以进行换算，其换算系数 K 如表 2-1 所列。

表 2-1　不同基准之间的换算系统 K

已知	所求			
	收到基	空气干燥基	干燥基	干燥无灰基
收到基	1	$\dfrac{100-M_{ad}}{100-M_{ar}}$	$\dfrac{100}{100-M_{ar}}$	$\dfrac{100}{100-A_{ar}-M_{ar}}$
空气干燥基	$\dfrac{100-M_{ar}}{100-M_{ad}}$	1	$\dfrac{100}{100-M_{ad}}$	$\dfrac{100}{100-A_{ad}-M_{ad}}$

表 2-1(续)

已知	所求			
	收到基	空气干燥基	干燥基	干燥无灰基
干燥基	$\frac{100-M_{ar}}{100}$	$\frac{100-M_{ad}}{100}$	1	$\frac{100}{100-A_d}$
干燥无灰基	$\frac{100-A_{ar}-M_{ar}}{100}$	$\frac{100-A_{ad}-M_{ar}}{100}$	$\frac{100-A_{ad}}{100}$	1

第二节　煤的主要特性

煤的主要特性有煤的发热量、煤灰的熔融特性、煤的可磨性和磨损性。

一、煤的发热量

煤的发热量是指单位质量的煤完全燃烧时所放出的热量，用符号 Q 表示，单位为 kJ/kg。

1.煤的发热量表示方法及其换算

煤的发热量常用高位发热量和低位发热量表示。

(1)高位发热量。它是指单位质量的煤完全燃烧时所放出的热量，其中包括煤完全燃烧所生成的水蒸气全部凝结成水时放出的汽化潜热，用 Q_{gr}表示。

(2)低位发热量。它是指单位质量的煤完全燃烧时所放出的热量，其中不包括煤完全燃烧所生成的水蒸气凝结成水时放出的汽化潜热，用 Q_{net}表示。

现代大容量锅炉为防止尾部受热面低温腐蚀，排烟温度一般在 110 ℃以上，烟气中的水蒸气不会凝结，汽化潜热未被利用，因此实际能被锅炉利用的只是煤的低位发热量。我国在锅炉的有关热力计算中采用低位发热量。

基准不同，煤的发热量也不同，实际生产中常采用的是收到基发热量 Q_{ar}。不同基准燃料低位发热量的换算应按以下方法进行。

①先将已知的低位发热量换算成同基准的高位发热量，公式如下所示。

收到基高位发热量与低位发热量间的关系为：$Q_{ar,\ net}=Q_{ar,\ gr}-225H_{ar}-25M_{ar}$。

空气干燥基高位发热量与低位发热量关系为：$Q_{ad,\ net}=Q_{ad,\ gr}-225H_{ad}-25M_{ad}$。

干燥基高位发热量与低位发热量间的关系为：$Q_{d,\ net}=Q_{d,\ gr}-225H_{d}$。

干燥无灰基高位发热量与低位发热量关系为：$Q_{daf,\ net}=Q_{daf,\ gr}-225H_{daf}$。

②然后查出相应的换算系数，如表 2-1 所列，进行不同基准的高位发热量的换算，求出所求基准的高位发热量。

③最后进行所求基准高、低位发热量换算，得出所求的低位发热量。

例如：已知 $Q_{daf,net}$，求 $Q_{ar,net}$。

解题过程如下：

①$Q_{daf,net} \Rightarrow Q_{daf,gr}$：$Q_{daf,gr}=Q_{daf,net}+225H_{daf}$；

②$Q_{daf,gr} \Rightarrow Q_{ar,gr}$：$Q_{ar,gr}=Q_{daf,gr}\times K_{daf\to ar}$(查表 2-1)；

③$Q_{ar,gr} \Rightarrow Q_{ar,net}$：$Q_{ar,net}=Q_{ar,gr}-225H_{ar}-25M_{ar}$。

2.标准煤及发电标准煤耗率

(1)标准煤。在工业上，为了比较企业能源消耗量，不能简单地用实际煤耗量的大小作为比较基准。因为不同种类的煤具有不同的发热量，同一燃烧设备在相同的工况下，发热量低的煤，煤耗量就大；发热量高的煤，煤耗量就小。为了便于比较、经济核算和管理耗能量，生产中统一了计算标准，引用了标准煤的概念。标准煤是假想的煤。

标准煤是指收到基低位发热量为 29310 kJ/kg(7000 kcal/kg)的煤，可用式(2-1)换算实际煤耗量和标准煤耗量，即

$$B_b=\frac{BQ_{ar,net}}{29310} \tag{2-1}$$

式中，B_b——电厂标准煤耗量，kg/h；

B——电厂实际煤耗量，kg/h。

在比较不同锅炉或不同电厂的煤耗时，可用式(2-1)先折算为标准煤耗后再进行比较。

(2)发电标准煤耗率。发电标准煤耗率是指发电企业每发 1 千瓦·时(1 kW·h)的电能所消耗的标准煤量，用符号 b_s 表示，单位为 kg/(kW·h)。

发电标准煤耗率与锅炉、汽轮机、发电机等设备及其系统的运行经济性有关，是考核发电企业能源利用效率的主要指标，其计算公式为

$$发电标准煤耗率=\frac{一定时期内发电耗标准煤量}{该段时间内的发电量} \tag{2-2}$$

3.折算成分

为了更好地比较煤中各种有害成分(水分、灰分及硫分)对锅炉工作的影响，更好地鉴别煤质，引用了折算成分的概念。规定把相对 4182 kJ/kg(1000 kcal/kg)收到基低位发热量的煤所含的收到基水分、灰分和硫分，分别称为折算水分、折算灰分和折算硫分。把 $M_{ar,zs}>8\%$，$A_{ar,zs}>4\%$，$S_{ar,zs}>0.2\%$的煤分别称为高水分、高灰分、高硫分的煤。

二、煤灰的熔融特性

煤灰的熔融特性是指煤中灰分熔点的高低，故也称为灰熔点，它是判断锅炉运行中是否会结渣的主要因素之一。

1.灰熔点的测定方法

灰熔点常用试验方法来测定，我国采用的是角锥法。先把灰制成高 20 mm，底边长 7 mm的等边三角形锥体，然后把该灰锥放在可以调节温度、充满弱还原性气体的高温电炉中，并以规定的速度升温。加热到一定程度后，灰锥在自重的作用下，开始发生变形，随后软化和融化。角锥法就是根据目测灰锥在受热过程中形态的变化，用图 2-1 所示的三种形态对应的特征温度来表示煤灰的熔融性。

(1)变形温度 *DT*：灰锥顶端变圆或开始弯曲时所对应的温度。

(2)软化温度 *ST*：灰锥顶点弯曲至锥底面或锥体变成球体时所对应的温度。

(3)熔化温度 *FT*：灰锥锥体熔化成液体并能在底面流动时所对应的温度。

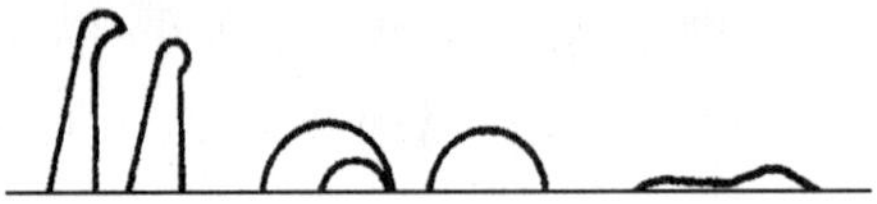

图 2-1 灰的熔融特征温度示意图

在锅炉技术中通常用软化温度 *ST* 代表灰的熔点。经验表明，灰的熔点如果小于 1350 ℃，就可能造成锅炉结渣。对于固态排渣煤粉炉，一般要求出口烟温比灰的软化温度低 50~100 ℃，以防高温受热面结渣。

2.影响灰熔点的因素

影响灰熔点的因素主要有煤灰的成分、煤灰含量及煤灰周围烟气的气氛。

(1)煤灰的化学成分对灰熔点的影响较大。煤灰的化学成分比较复杂，分为酸性氧化物和碱性氧化物。一般情况下，灰中酸性成分增加，会使灰熔点升高。

(2)煤灰含量。当灰的成分与其所处周围高温介质性质相同而煤中灰分含量不同时，灰的熔点也会发生变化。灰量增多，会使灰的熔点降低。

(3)煤灰周围烟气的气氛。还原性气氛使灰熔点降低，所以当锅炉燃烧不好时，锅炉容易磨结渣。氧化性气氛可使灰熔点提高，所以目前采用前后墙对冲燃烧方式的锅炉。一般在后墙水冷壁处通以少量的空气(贴壁风)使其呈现氧化性气氛，从而提高灰熔点，防止后墙水冷壁结渣。

三、煤的可磨性

煤的可磨性是指煤被磨制成一定细度的煤粉的难易程度，而煤被磨碎成煤粉的难易程度取决于煤本身的结构。由于煤本身的结构特性不同，各种煤的机械强度、脆性有很大的区别，因而可磨性就不同。一般用可磨性系数来表示煤被磨成煤粉的难易程度。

煤的可磨性系数是指在风干状态下，将相同质量的标准煤样和试验煤样由相同的初始粒度磨碎到相同的煤粉细度时所消耗电能之比。可磨性系数可用式(2-3)表示，即

$$E_{km}=\frac{E_b}{E_s} \tag{2-3}$$

式中，E_b——磨制标准煤样消耗的能量；

E_s——磨制试验煤样所消耗的能量；

E_{km}——可磨性系数。

可磨性系数是无量纲量，其数值大，则表示该煤种容易被磨制，磨制单位质量煤粉能耗少；反之，则表示该煤难以磨制，磨制单位质量煤粉能耗多。

上述可磨性系数的测试方法，即 BTN 法，以前在苏联和东欧的一些国家及我国应用较多。世界上普遍用哈德格罗夫法(Hardgrove 法，简称哈氏法)来确定煤的可磨性，测定出来的可磨性系数称为哈式可磨性系数，以 HGI 表示。《煤的可磨性指数测定方法哈德格罗夫法》(GB/T 2565—2014)规定：煤的可磨性试验采用哈德格罗夫(Hardgrove)法测定哈式可磨性系数 HGI。

哈氏可磨性系数的测定方法为：将经过空气干燥、粒度为 0.63～1.25 mm 的 50 g 煤样，放入哈氏可磨性试验仪中(特制的小型中速钢球磨煤机)，施加在研磨件(钢球)上的总作用力为 284 N，驱动电动机进行碾磨。旋转 60 转，将磨制好的煤粉用孔径为 0.71 mm 的筛子在筛振机上筛分，并称量筛上与筛下的煤粉量。利用式(2-4)计算哈氏可磨性系数 HGI，即

$$\mathrm{HGI}=13+6.93G_{71} \tag{2-4}$$

式中，G_{71}表示通过孔径为 0.71 mm 筛的试样质量，由所用总煤样重量减去筛上筛余量求得。

锅炉制粉系统运行时，利用可磨性系数能预计磨煤机的磨煤出力和电能消耗。在设计锅炉制粉系统时，根据可磨性系数来选择磨煤机的型式，并计算磨煤出力和电能消耗。

我国动力用煤的可磨性系数 HGI 一般为 25～129。通常认为 HGI>86 的煤为易磨煤，HGI<62 的煤为难磨煤。HGI 值越小，表示该煤越难磨。

四、煤的磨损性

煤的磨损性是指煤种对磨煤机的研磨部件磨损的轻重程度，在我国用冲刷磨损指数 K_{ms}表示。实验表明，煤在破碎时对金属的磨损是由于煤中所含硬质颗粒对金属表面形成显微切削造成的。$K_{ms}<2$，磨损性不强；$K_{ms}=2\sim3.5$，磨损性较强；$K_{ms}>3.5\sim5$，磨损性很强；$K_{ms}>5$，磨损性极强。

煤的磨损性与可磨性是两个不同的特性，两者之间无直接的因果关系。试验表明，容易磨碎的煤，其 HGI 值大，而磨损性不一定弱；反之亦然。

第三节　煤的分类

电厂锅炉用煤称为动力煤。根据煤的干燥无灰基挥发分 V_{daf} 含量的不同，可将我国动力煤大致分为无烟煤、贫煤、烟煤和褐煤四种。

长期运行实践表明，除煤的干燥无灰基挥发分 V_{daf} 外，对锅炉热力工作影响较大的还有收到基低位发热量 $Q_{ar,\ net}$，收到基折算水分 $M_{ar,\ zs}$，干燥基灰分 A_d，干燥基硫分 $S_{ar,\ zs}$ 及灰的软化温度 ST。因此，根据这六项指标又可将电厂煤粉锅炉用煤分为无烟煤、贫煤、烟煤、褐煤和低质煤五种，如表 2-2 所列。

表 2-2　动力煤煤质特性

序号	燃料类别		挥发分（质量分数）V_{daf}	水分（质量分数）M_{ar}	灰分（质量分数）A_{ar}	低位发热量 $Q_{ar,\ net}$ kJ/kg	低位发热量 $Q_{ar,\ net}$ kcal/kg
1	无烟煤	Ⅰ类	5%～10%	<10%	>25%	14636～20900	3500～5000
		Ⅱ类	<5%	<10%	<25%	>20900	>5000
		Ⅲ类	5%～10%	<10%	<25%	>20900	>5000
2	贫煤		10%～20%	<10%	<30%	18817	4500
3	烟煤	Ⅰ类	≥20%	7%～15%	>40%	11304～15491	2700～3700
		Ⅱ类	≥20%	7%～15%	25%～40%	15491～19678	3700～4700
		Ⅲ类	≥20%	7%～15%	<25%	>19678	>4700
4	褐煤		40%	>20%	>30%	8363～14631	2000～3500

一、无烟煤

无烟煤，俗称白煤、硬煤，表面呈黑色且有金属光泽，密度较大，质硬不易研磨，储存时不易风化和自燃。它的特点是含碳量高达 95%～96%，水分、灰分和挥发分含量小，一般 $V_{daf}<10\%$，所以发热量较高，这种煤着火难，火焰短，燃烧缓慢。

二、烟煤

烟煤质地较无烟煤软，发热量低于无烟煤，呈黑色或灰黑色。它的特点是水分和灰分含量不大，但挥发分含量较多，一般 $V_{daf}=20\%\sim40\%$，容易着火，火焰长。

三、贫煤

贫煤是介于无烟煤和烟煤之间的一种煤。贫煤 $V_{daf}=10\%\sim20\%$，发热量一般低于无烟煤，不结焦。

四、褐煤

褐煤因呈褐色而得名，外表似木质，无光泽，一般 V_{daf}>40%，水分和灰分含量较大，发热量低，容易着火，容易风化和自燃，因此不适合长期贮存。

五、低质煤

目前，在现有条件下凡单一煤种燃烧有困难、燃烧不稳定或者煤中有害杂质较多，对环境污染严重的煤，均属于低质煤。这样的煤可以通过掺烧，使混合煤的特性达到燃料要求。

第四节　锅炉热平衡

一、研究锅炉热平衡的意义

(1) 了解燃料燃烧的热量有多少被有效利用，有多少成为热损失，以及这些热损失分别表现在哪些方面、大小如何。

(2) 求锅炉热效率及燃料消耗量，以便判断锅炉设计、改造和运行工况的好坏，分析造成热损失的原因，寻找提高锅炉运行经济性的措施。

二、锅炉热平衡的概念

锅炉热平衡是指在稳定运行工况下，输入锅炉的热量与锅炉输出热量之间的平衡，这种关系用公式的形式表现出来，就是锅炉热平衡方程。输入锅炉的热量是指伴随燃料送入锅炉的热量。输出锅炉的热量主要分为两部分：一部分是有效利用热量，另一部分是各项热损失。如图 2-2 所示。

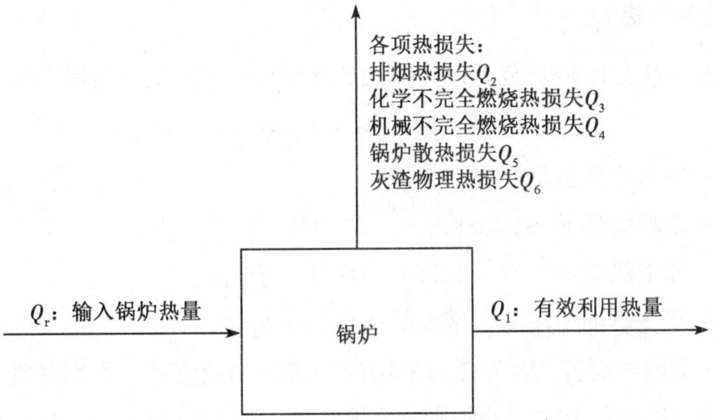

图 2-2　锅炉能量示意图

根据图 2-2，在锅炉稳定工况下，以 1 kg 燃料为基础的热平衡方程

$$Q_r = Q_1 + Q_2 + Q_3 + Q_4 + Q_5 + Q_6 \tag{2-5}$$

式中，Q_r——随 1 kg 燃料输入锅炉的热量，kJ/kg；

Q_1——对应于 1 kg 燃料的有效利用热量，kJ/kg；

Q_2——对应于 1 kg 燃料的排烟热损失，kJ/kg；

Q_3——对应于 1 kg 燃料的化学不完全燃烧热损失，kJ/kg；

Q_4——对应于 1 kg 燃料的机械不完全燃烧热损失，kJ/kg；

Q_5——对应于 1 kg 燃料的锅炉散热损失热量，kJ/kg；

Q_6——对应于 1 kg 燃料的灰渣物理热损失热量，kJ/kg。

将式(2-4)中等号两边的各项都除以 Q_r，然后乘以 100%，则可得到锅炉输入热量百分数表示的热平衡方程

$$q_1 + q_2 + q_3 + q_4 + q_5 + q_6 = 100\% \tag{2-6}$$

式中，q_1——锅炉有效热量占输入热量的百分数，$q_1 = \frac{Q_1}{Q_r} \times 100\%$；

q_2——排烟热损失占输入热量的百分数，$q_2 = \frac{Q_2}{Q_r} \times 100\%$；

q_3——化学不完全燃烧热损失占输入热量的百分数，$q_3 = \frac{Q_3}{Q_r} \times 100\%$；

q_4——机械不完全燃烧热损失占输入热量的百分数，$q_4 = \frac{Q_4}{Q_r} \times 100\%$；

q_5——散热损失占输入热量的百分数，$q_5 = \frac{Q_5}{Q_r} \times 100\%$；

q_6——灰渣物理热损失占输入热量的百分数，$q_6 = \frac{Q_6}{Q_r} \times 100\%$。

三、锅炉输入热量 Q_r

锅炉输入热量 Q_r 是由锅炉范围以外输入的热量，不包括锅炉范围内循环的热量，即

$$Q_r = Q_{ar,\ net} + i_r + Q_{wr} + Q_{rzq} \tag{2-7}$$

式中，$Q_{ar,\ net}$——燃料收到基低位发热量；

i_r——燃料物理显热，kJ/kg；

Q_{wr}——外来热源加热空气时带入的热量，kJ/kg；

Q_{rzq}——雾化燃油所用蒸汽带入的热量，kJ/kg。

对于现代大型锅炉而言，因为燃油采用的是机械物化方式，不用蒸汽雾化，而热空气带入炉内的热量绝大部分来自锅炉本身，所以对应于 1 kg 燃料输入锅炉的热量，通常包括燃料的收到基的低位发热量、燃料的物理显热，即

$$Q_r = Q_{ar,\ net} + i_r \tag{2-8}$$

$$i_r = c_{p,ar} t_r \tag{2-9}$$

式中，$c_{p,ar}$——燃料收到基比定压热容，kJ/(kg·℃)；

t_r——燃料温度，℃；

四、锅炉有效利用热量

锅炉有效利用热量是指水和蒸汽流经各受热面时吸收的热量。而空气在空气预热器吸热后又回到炉膛，这部分热量属锅炉内部循环热量，不应计入。锅炉有效利用热 Q_1 为

$$Q_1 = \frac{D_{gr}(i''_{gr} - i_{gs}) + \sum D_{zr}(i''_{zr} - i'_{zr}) + D_{zy}(i_{zy} - i_{gs}) + D_{pw}(i' - i_{gs})}{B} \tag{2-10}$$

式中，B——燃料消耗量，kg/h；

D_{gr}，D_{zr}，D_{zy}，D_{pw}——过热蒸汽量、再热蒸汽量、自用蒸汽量和排污量，kg/h；

i''_{gr}，i_{zy}，i'，i_{gs}——过热蒸汽焓、自用蒸汽量焓、饱和水焓和给水焓，kJ/kg；

i'_{zr}，i''_{zr}——再热器进出口蒸汽焓，kJ/kg；

$\sum$——具有一次以上再热时，应将各次再热器的吸热量叠加。

对于具有分离器的直流锅炉，锅炉排污量为分离器的排污量。当排污量小于蒸发量的2%时，排污水的热耗可以忽略不计。

五、锅炉各项热量损失

燃料输入热量一部分为被锅炉有效利用热，其余的为各项热损失。这些热损失包括排烟热损失、化学不完全燃烧热损失、机械不完全燃烧热损失、散热损失及灰渣物理热损失。

1.排烟热损失 q_2

q_2是指排出锅炉的烟气由于温度高于进入锅炉的空气温度而造成的热损失。在煤粉锅炉的各项热损失中，排烟热损失是最大的一项，为4%~8%。

影响排烟热损失的主要因素是排烟温度和排烟容积，与受热面的设计布置及运行水平有关。排烟温度越高，排烟容积越大，则排烟热损失就越大。因此降低排烟热损失应该从降低排烟温度和排烟量着手。

(1)降低排烟温度。降低排烟温度可以降低排烟热损失，但并不是排烟温度越低越好，考虑到烟囱抽力和尾部受热面低温腐蚀问题，不允许把排烟温度降得过低。现代大型锅炉排烟温度一般在150 ℃左右。

(2)降低排烟量。降低排烟量要做到以下几点。

①使炉外冷空气不能因负压运行而大量抽入炉内。这就要求炉体密封较严，漏风系数合格。锅炉在一般情况下均为负压运行，即炉膛和烟道内保持一定的负压，所以外界空气会不断从不严密处漏入。

②适当减小过量空气系数α，保持低氧燃烧。但过量空气系数的减小，常会引起化学

不完全燃烧热损失 q_3和机械不完全燃烧热损失 q_4的增大。所以最合理的过量空气系数（称为最佳过量空气系数）应使 q_2，q_3，q_4之和最小。

③及时对锅炉受热面进行吹灰打渣，保持受热面的清洁。锅炉在运行中，受热面积灰、结渣等会使传热减弱，促使排烟温度升高。

2.化学不完全燃烧热损失 q_3

化学不完全燃烧热损失是指由于 CO，H_2，CH_4等可燃气体未燃烧放热就随烟气离开锅炉而造成的热损失，因此又称为可燃气体未完全燃烧热损失。

烟气中可燃气体含量越多，化学不完全燃烧热损失 q_3越大。影响烟气中可燃气体含量的主要因素包括炉内过量空气系数的大小、燃料挥发分含量、炉膛温度、炉内空气动力工况等。

（1）炉内过量空气系数的影响。一般来说，炉内过量空气系数过小，氧气供应不足，会造成化学不完全燃烧热损失 q_3的增加。

（2）燃料挥发分含量的影响。燃料挥发分含量较高而炉内空气动力工况又不好，会使化学不完全燃烧热损失 q_3增加。

（3）炉膛温度的影响。一氧化碳在低于 800 ℃时很难燃烧，所以炉膛温度过低时，即使其他条件均好，q_3也会增加。

此外，炉膛结构及燃烧器布置不合理、配风方式不合理、燃料在炉内停留时间过短等，都会促使 q_3增大。

3.机械不完全燃烧热损失 q_4

机械不完全燃烧热损失是由于进入炉膛的固体燃料中有一部分没有参与燃烧而排出炉外引起的热损失，因此又称为固体未完全燃烧热损失。在煤粉锅炉的各项热损失中，q_4的大小仅次于排烟热损失。

机械不完全燃烧热损失主要由三部分组成：灰渣损失 Q_{hz}，未参加燃烧或未燃尽的碳粒与灰渣一同排入灰斗所造成的损失；漏煤损失 Q_{lm}，部分燃料经炉排漏入灰室造成的损失；飞灰损失 Q_{fh}，未燃尽的碳粒随烟气带走所造成的损失。即 $q_4=q_{hz}+q_{lm}+q_{fh}$。

q_4与燃料特性、燃烧方式、炉膛结构及运行管理水平等因素有关。

（1）燃料特性的影响。当燃用灰分含量大和灰熔点低的煤时，它的固态可燃物被灰包裹，难以燃尽，灰渣损失就大。当燃用水分低、结焦性弱而细末又多的煤时，特别是在提高燃烧强度而增加通风的情况下，飞灰损失就增加。

（2）燃烧方式的影响。不同燃烧方式的 q_4值差别很大，如煤粉炉没有漏煤损失，但它的飞灰损失却比层燃炉大，沸腾炉在燃用石煤或煤矸石时，飞灰损失更大。

（3）炉子结构的影响。层燃炉的炉拱、炉排的长短和通风孔隙的大小及一二次风的布置等，对燃烧都有影响。如炉拱不合理、燃料挥发分不高时，不易着火，难以燃尽，飞灰和灰渣含碳量增大；如炉排太短、燃料燃烧时间不足、烟气在炉内流程过短，q_4也增加。

(4)锅炉运行工况的影响。锅炉运行时负荷增加，相应地穿过燃料层和炉膛的气流迅速增加，以致飞灰损失增大。

从上述对影响 q_4诸因素的分析中，可以归纳出以下降低 q_4的措施。

①选取合理的燃烧方式。

②炉膛内燃烧结构的优化布置。

③改善燃料特性，使燃煤与炉型匹配。

④提高司炉工素质，对锅炉运行工况进行合理调整。

4.散热损失 q_5

散热损失 q_5是指锅炉炉墙、炉筒、外集箱及管道等裸露的锅炉外表向外界空气散发的热损失。

影响散热损失的主要因素有锅炉外表面积的大小、外表面温度、炉墙结构、保温隔热性能及环境温度等。

很明显，锅炉结构紧凑，外表面积小，保温完善，则 q_5较小；锅炉周围空气温度低，则 q_5较大。因为锅炉容量的增加速度大于其外表面积的增加速度，所以大容量锅炉的 q_5比小容量锅炉小。对同一台锅炉来说，负荷高时 q_5较小，负荷低时 q_5较大，这是因为炉壁面积并不随负荷的降低而减小，炉壁温度降低的幅度也赶不上负荷降低的幅度。

5.灰渣物理热损失 q_6

锅炉炉渣排出炉外时带出的热量，形成灰渣物理热损失。灰渣物理热损失 q_6的大小主要与燃料中灰含量的多少、炉渣中纯灰量占燃料总灰量的份额，以及炉渣温度高低有关。

对固态排渣煤粉炉，只有当燃料中灰分满足$A_{ar} \geqslant \frac{Q_{ar,net}}{418}$时才需计算 q_6。

六、求锅炉热效率

锅炉热效率的测定和计算方法有正平衡测定法和反平衡测定法两种。

1.正平衡测定法

正平衡测定法也称直接测定法或输入输出法，是直接测量锅炉输入和锅炉输出的热量，其计算公式

$$\eta_1 = \frac{Q_1}{Q_r} \times 100\% \tag{2-11}$$

此法多用于测定小型工业锅炉的热效率。其优点是简便易行，缺点是不能通过测定找出影响锅炉热效率的因素。

对于蒸汽锅炉，锅炉热效率计算式

$$\eta_1=\frac{D(H_{gz}-H_{gs})}{BQ_{net,\ ar}} \tag{2-12}$$

式中，D——锅炉每小时蒸发量(kg/h)；

H_{gz}——蒸汽的焓，1 kg·℃的水在定压下转变为蒸汽时所吸收的热量，可按蒸汽压力值查表得到，kJ/kg；

H_{gs}——给水焓值，1 kg·℃的水温升到某一数值时所吸收的热量，近似等于给水的温度值，kJ/kg；

B——每小时实际测出燃料平均消耗量，kg/h；

$Q_{net,\ ar}$——燃料低位发热值，计算时应以实际测定为准，kJ/kg。

式(2-12)没有考虑蒸汽湿度、排污量和自耗汽量的影响，适用于小型蒸汽锅炉的粗略计算。

2.反平衡测定法

反平衡测定法也称“间接测定法”或“热损失法”，是通过测定锅炉的各项热损失(各种燃烧产物热损失)，倒算出锅炉热效率，其计算公式

$$\eta_1=1-(q_2+q_3+q_4+q_5+q_6) \tag{2-13}$$

此法常用于较大型锅炉，以利于对于锅炉燃烧状况进行全面的分析，找出影响热效率的各种因素，从而加以改进。

正平衡法与反平衡法测得的锅炉热效率可以互相验证，以提高准确性。

3.锅炉热效率测定的一般要求

测定锅炉热效率一般应在额定蒸发量、稳定工况下，同时采用正平衡法和反平衡法进行两次，锅炉热效率取两种方法测得的平均值。当锅炉额定蒸发量(额定热功率)大于或等于 20 L/h(14 MW)，用正平衡法测定有困难时，可采用反平衡法测定锅炉热效率。燃煤锅炉每次正、反平衡法测得的锅炉热效率之差应不超过5%，两次用正平衡法测得的锅炉热效率之差应不超过3%，两次用反平衡法测得的锅炉热效率之差应不超过4%。

第三章　煤粉制备系统

【知识目标】

(1)了解煤粉的基本特性及其对锅炉工作的影响。

(2)掌握制粉系统的设备组成及制粉主要设备磨煤机的分类、工作过程、特点及应用范围；了解制粉辅助设备的结构和工作原理。

(3)掌握制粉系统的分类；理解中间储仓式制粉系统和直吹式制粉系统的定义和特点。

【能力目标】

(1)能正确比较不同煤粉的粗细并说明其对锅炉工作的影响。

(2)能够根据磨煤机的结构识别磨煤机的类型，能识读各种磨煤机的结构组成，正确叙述各种磨煤机的工作过程，清楚地认识各种磨煤机对煤种的适应能力。

(3)能正确绘制制粉系统图并叙述其工作流程，并说明制粉系统中各部件的作用和布置位置。

第一节　煤粉的基本特性

目前，大型电厂煤粉锅炉的主要燃烧方式是悬浮燃烧，即燃料在炉膛空间呈悬浮状进行燃烧。这种悬浮燃烧方式对入炉煤粉的细度和干度有一定的要求，同时煤粉的性质对于锅炉的安全经济运行也有很大影响。

一、煤粉细度

煤粉细度是煤粉颗粒尺寸的大小，是衡量煤粉品质的重要指标。煤粉细度应该合适，不能过粗也不能过细。煤粉过粗，在炉内燃烧不尽，会增加不完全燃烧热损失；煤粉过细，又会使制粉系统的电耗和金属磨耗增加。

1.煤粉细度

煤粉细度是用一组由细金属丝编制的、带正方形的小孔的筛子进行筛分来测定的。

它指将一定量的煤粉试样放在筛孔尺寸为 X μm 的筛子上筛分后，部分留在筛子上，部分经筛孔落下，剩余在筛子上的煤粉量占筛分前煤粉总量的百分数

$$R_x=\frac{a}{a+b}\times 100\% \tag{3-1}$$

式中，R_x——筛余量；

a——筛分后留在筛子上的煤粉质量；

b——透过筛孔的煤粉质量。

R_x越小，表示煤粉越细；相反，则表示煤粉越粗。国内电厂常用的筛子规格及煤粉细度表示方法如表 3-1 所列。

表 3-1　国内电厂常用的筛子规格及煤粉细度表示方法

筛号(1 cm 长的孔数)	6	8	12	30	40	60	70	80
孔径(筛孔内边长)/μm	1000	750	500	200	150	100	90	75
煤粉细度表示(筛余量)	R_{1000}	R_{750}	R_{500}	R_{200}	R_{150}	R_{100}	R_{90}	R_{75}

电厂中对于烟煤和无烟煤常用 70 号和 30 号两种筛子。以 70 号筛子为例，筛孔的孔径为 90 μm，将 100 g 煤粉进行筛分，若有 18 g 煤粉留在筛子上，那么 82 g 煤粉就通过了筛子，则该组煤粉的细度可写成$R_{90}=18\%$。若用 30 号筛子，孔径为 200 μm 筛分，则相应细度可表示为R_{200}。

2.煤粉的经济细度

煤粉的经济细度，指锅炉热损失和制粉消耗之和($q_2+q_4+q_n+q_m$)最小时的煤粉细度。煤粉过粗，会增加锅炉的排烟热损失q_2和固体不完全燃烧热损失q_4，使锅炉的热效率下降；煤粉过细，又会使制粉系统的电耗和金属磨耗增加。因此，煤粉细度要适当。

影响煤粉经济细度的主要因素是煤的挥发分和煤粉颗粒分布的均匀性。高挥发分的煤由于容易燃烧，可以比低挥发分的煤磨得粗些；煤粉均匀性好，则造成机械不完全燃烧热损失的大煤粉颗粒就少些，此时也可以磨得粗些。炉膛的燃烧强度大，煤粉易于着火、燃烧及燃尽，允许煤粉粗些。

在电厂的实际运行中，煤粉的经济细度一般通过锅炉燃烧调整试验确定，即在不同煤粉细度下测量锅炉的热效率、磨煤电耗及系统磨损量，寻求最经济工况时的煤粉细度。煤粉细度的调整方式一般有调整粗粉分离器及调整通风量两种。

二、煤粉的流动性

电厂煤粉炉燃用的煤粉大小为 0~1000 μm，大多数为 20~50 μm。煤粉的堆积密度较小，大约为 0.7 t/m³。煤粉的流动性对制粉系统和锅炉运行的影响有以下几点。

(1)有利于煤粉在管道中进行气力输送。新磨制的干煤粉小而轻，表面吸附空气的能力较强，因此煤粉能与空气混合而具有较好的流动性。利用这个性质，用管道对煤粉

进行气力输送。

(2)煤粉会从不严密处泄漏出来，影响制粉系统的安全运行，污染工作环境。

(3)煤粉自流的影响。

三、煤粉水分

煤粉的最终水分对输送粉的连续性和均匀性、磨煤机的出力及制粉系统设备的安全性都有很大的影响。

煤粉内水分过高，在煤粉管道内容易结块，会导致煤粉输送困难及着火推迟等，因此应将煤粉进行充分干燥以保持其流动性。水分过低时，煤粉又易自燃引起爆炸，因此煤粉中水分的大小应根据它的输送可靠性及制粉系统的经济性综合考虑。

四、煤粉的均匀性

煤粉的颗粒性质只用煤粉细度衡量是不完整的，还要看煤粉的均匀性。所谓煤粉均匀性，是指一组煤粉中最粗的和最细的煤粉所占的比重都很小，大多数煤粉颗粒的尺寸居中。例如：有甲、乙两种煤粉，它们的细度都为R_{90}，但是甲种煤留在筛子上的煤粉中较粗的颗粒比乙种煤粉多，且通过筛子的煤粉中较细的颗粒也比乙种的多，则乙种煤粉较甲种煤粉均匀。粗颗粒多，不完全燃烧损失大；细颗粒多，制粉系统的磨煤电耗和金属的消耗量就大。因此，燃用甲种煤粉的经济性较差。

煤粉的均匀性可用煤粉颗粒的均匀性指数 n 来表示，n 值主要与磨煤机及配用的煤粉分离器的形式有关。$n>1$ 时，过粗或过细的煤粉都比较少，中间尺寸的颗粒较多，煤粉的颗粒分布就比较均匀；反之，$n<1$ 时，过粗和过细的煤粉颗粒都比较多，中间尺寸的颗粒较少，煤粉的均匀性就差。所以一般要求 $n\approx1$。不同制粉设备所磨制煤粉的均匀性指数如表 3-2 所列。

表 3-2 不同制粉设备所磨制煤粉的均匀性指数

磨煤机型式	粗粉分离器型式	n 值
筒式钢球磨煤机	离心式	0.8~1.2
	回转式	0.95~1.1
中速磨煤机	离心式	0.86
	回转式	1.2~1.4
风扇磨煤机	惯性式	0.7~0.8
	离心式	0.8~1.3
	回转式	0.8~1.0

五、煤粉的爆炸性

当煤粉和空气混合物在一定条件下与明火接触时，会发生爆炸。制粉系统内煤粉起火爆炸的多数原因是系统内沉积煤粉的自燃。

1.影响煤粉爆炸的主要因素

影响煤粉爆炸的主要因素有：煤粉的挥发分、水分和灰分含量，煤粉细度，气粉混合物的温度、含粉浓度，以及输送煤粉气流中的含氧量等。

（1）挥发分含量越高，产生爆炸的可能性越大。在一般磨煤条件下，$V_{daf}<10\%$的煤粉无爆炸危险。

（2）煤粉越干燥越容易爆炸。煤粉水分与磨煤机出口气粉混合物的温度有关。对于不同的煤种和制粉系统，一般通过控制磨煤机出口气粉混合物的温度来防止煤粉爆炸。

（3）煤粉越细，自燃爆炸的可能性越大。当烟煤煤粉的颗粒直径大于 0.1 mm 时，几乎不会爆炸。所以，挥发分高的煤不应磨太细。

（4）煤粉浓度为 1.2~2.0 kg/m^3 时最容易爆炸，而运行时正是这样的浓度。

（5）输送煤粉的气体含氧量越大，爆炸可能性越大。如气体中氧的体积分数小于15%，就不会爆炸。

2.防止煤粉爆炸的措施

（1）应设法避免或消除煤粉的沉积。

（2）严格控制制粉系统末端气粉混合物的温度。

（3）对于易燃易爆的煤粉，可以在输送介质中掺入惰性气体来降低含氧浓度。

（4）加强用煤监督管理，制订周全的应对计划等。

第二节　制粉设备

现代大中型火电厂锅炉一般均采用煤粉燃烧方式，就是把原煤磨细成煤粉，再用空气吹入炉膛中进行燃烧。为此，煤粉锅炉均配置制粉设备，其工作任务是将原煤进行干燥和磨细，生产足够数量的品质合格的煤粉。

为满足制粉过程的要求，制备煤粉时一般需要很多设备，主要有原煤斗、给煤机、磨煤机、排粉机、粗粉分离器、细粉分离器、煤粉仓、给粉机、锁气器。

一、原煤斗

原煤斗是用于储存一定数量的煤，可在一定时间内保证对磨煤机的供煤，减轻因输煤设备故障带来的影响。原煤斗结构图如图 3-1 所示。

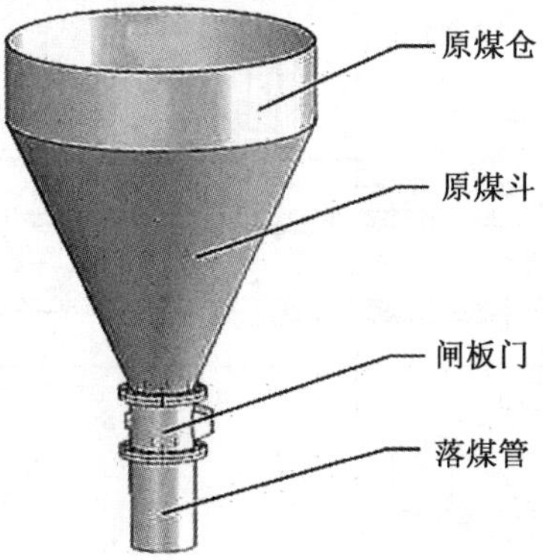

图 3-1　原煤斗结构图

二、给煤机

给煤机装设在原煤斗下面，它根据锅炉负荷的需要，把原煤连续均匀地送入磨煤机并调节进入磨煤机的煤量。

给煤机的类型主要有电磁振动式、刮板式和电子称重皮带式三种。现代大型锅炉机组主要采用电子称重皮带式给煤机。

1.电磁振动给煤机

电磁振动给煤机主要由煤斗、给煤槽和电磁振动器组成，如图 3-2 所示。它主要通过改变电压或电流，调节振动器的振幅来调节结煤量。其特点是无转动设备，结构简单，维修方便，给煤均匀，调节灵活方便，但水平输送距离短。

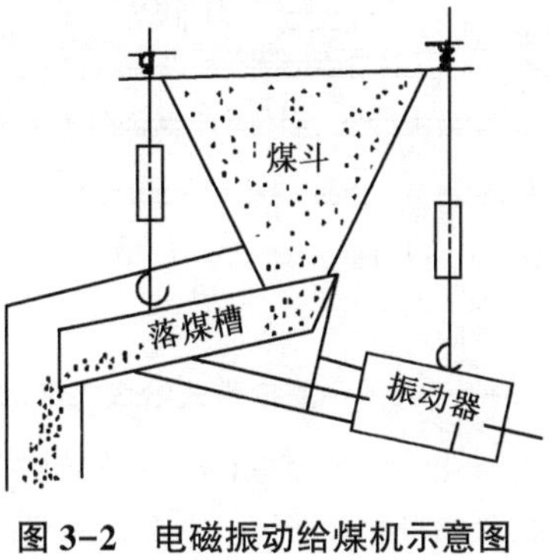

图 3-2　电磁振动给煤机示意图

2.刮板式给煤机

刮板式给煤机主要由链条、刮板及转动装置等组成，如图 3-3 所示。它主要是利用装在链条上的刮板移动，将煤带到左边，经过落煤通道落到下台板上，再将煤刮至右侧落入出煤管，送往磨煤机。刮板式给煤机的特点是调节范围大、适应煤种广、不易堵塞，但占地面积较大。

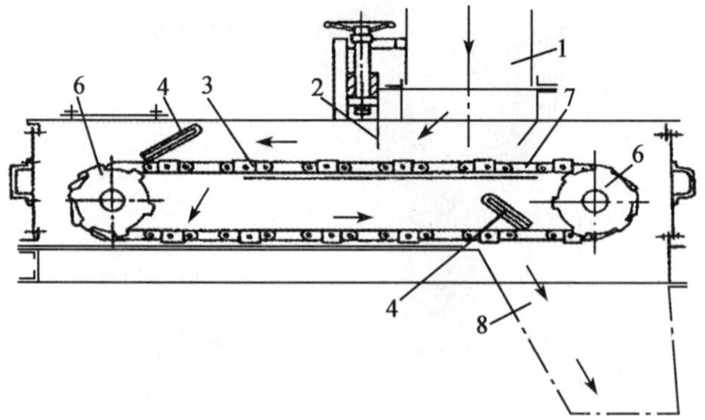

图 3-3　刮板式给煤机结构图

1—原煤入口管；2—煤闸；3—链条；4—挡板；5—刮板；6—链轮；7—平板；8—出口管

3.电子称重皮带式给煤机

电子称重皮带式给煤机主要由机体、给煤皮带及其电动机驱动装置、链式清理刮板装置、称重装置、皮带断煤及堵煤报警装置、润滑油，以及电气管路、电子控制电源动力柜等组成，如图 3-4 所示。

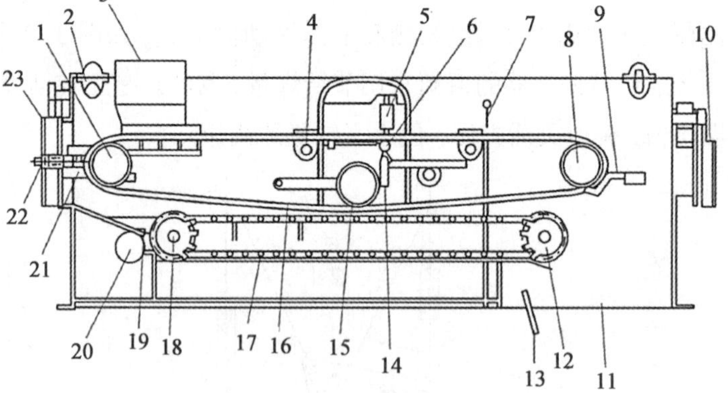

图 3-4　电子称重皮带式给煤机结构图

1—张紧滚筒；2—照明灯；3—进料口；4—支撑跨托辊；5—负荷传感器；6—称重托辊；7—断煤信号装置挡板；8—驱动滚筒；9—皮带清洁刮板；10—排除端门；11—出料口；12—驱动链轮；13—堵煤信号装置挡板；14—承重校重量块；15—张力滚筒；16—给料皮带；17—清洁刮板链；18—张紧链轮；19—刮板链张紧螺丝；20—密封空气进口；21—张紧滚筒座导轨；22—皮带张紧螺杆；23—进料端门

(1)机体。其上设有进煤口、出煤口、进煤端门、出煤端门、侧门、密封风进口和照明装置等。机体为一密封的焊接壳体，在进煤口处设有导向板和煤闸门，以使煤进入给煤机内能在皮带上形成一定断面的煤流。

进煤端门和出煤端门采用螺栓紧固在机壳上，并保持密封。在所有的门体上均设有观察窥视窗，在窗内装有清扫喷头，当窗孔内侧积有煤灰影响正常观察时，可以通过喷头用压缩空气或水清扫。

具有密封结构的照明灯，供观察给煤机内部运行情况时照明使用。

(2)给煤皮带装置。给煤皮带机构由皮带驱动滚筒(主动滚筒)、张紧滚筒(从动滚筒)、张力滚筒、给料皮带、支承板、电动机、减速机等组成。

驱动滚筒与减速机相连，在驱动滚筒端装有皮带清洁刮板，以清除黏结于皮带外表的煤粒。

皮带中部安装的张力滚筒，使皮带保持一定的张力以得到最佳的称重效果。皮带的张力随着温度和湿度的变化而有所改变，应经常注意观察，可利用张紧拉杆来调节皮带的张力。在机座侧门内装有指示板，应将张力滚筒的中心调整在指示板的中心刻线。

为保证给煤皮带运转时不发生左右偏移，给煤皮带采用了带有一定高度边缘且内侧中间有凸筋的皮带，并配置以表面具有相应凹槽的腰鼓形张紧滚筒、表面具有人字形橡胶层的驱动滚筒，从而使皮带获得良好的导向作用而做正向直线移动。

(3)链式清理刮板装置。为了能及时清除下落在给煤机机壳底部的积煤，以防发生积煤自燃及影响胶带滚筒的正常运转，在给煤机皮带机构下面设有链式刮板清理装置，以清理机壳底部积煤。

链式清理刮板装置由驱动链轮、张紧链轮、链条及刮板等组成。刮板链条由电动机通过减速机带动链轮而移动，链条上的刮板将给煤机底部积煤刮到给煤机出口排出。

机壳底部的积煤来自皮带刮板刮落下来的煤、空气中沉降的煤粉尘、皮带从动轮自清扫下来的煤，以及调节不当的密封空气从皮带上吹落下来的煤(部分)。

链式清理刮板是随着给煤机皮带的运转而同时连续运转的。采用这样的运行方式，可以使机壳内积煤量甚少。同时，由于这些煤是不经称量装置而进入给煤机的，因而可以减少给煤量的误差。

清理刮板减速机为圆柱齿轮及蜗轮减速，清理刮板机构除电动机采用电气过载保护外，在蜗轮轴之间，还设有剪切机构。当机构过载时，剪切销被剪断，使蜗轮与蜗轮轴脱开，同时带动限位开关，使电动机停止，并发出信号至运行控制室。

(4)皮带断煤及堵煤信号装置。断煤信号装置安装在皮带上方，当皮带上无煤时，由于断煤信号装置上挡板的摆动，使信号装置轴上的凸轮跟着转动，随即触动限位开关，从而停止皮带驱动电动机的运转、启动煤仓振动器，并使运行控制盘上发出“断煤”的报警信号。

堵煤信号装置安装在给煤机出口处，其结构与断煤信号装置相同，当煤流堵塞至出煤口时，限位开关动作，给煤机停止运转，并发出报警信号。

(5)称重装置。称重装置是电子称量装置的感应机构，装在给煤机进煤口与驱动滚筒之间。它的3个称重托辊表面均经过精心加工、标准计量，其中一对固定于机体上，构成称重跨距，另外一个则悬挂于一对负荷传感器上。皮带上煤的重量由负荷传感器送出信号。

在负荷传感器及称重托辊的下方，装有称重校准重块。给煤机工作时，校准重块支承在称重臂和偏心盘上面，与称重托辊脱开。当需要校准定度时，可转动校重杆手柄，使偏心盘转动，将称重校准重块悬挂在负荷传感器上，从而检查重量信号是否准确。

(6)密封空气系统。对于正压的直吹式制粉系统，磨煤机内处于正压工作。为防止磨煤机中的热风倒流到给煤机中，给煤机也设有专用密封空气系统。在给煤机机壳进煤口的下方，设有密封空气法兰接口，密封风管上的法兰与它相接，密封空气就由此接口进入给煤机内。

密封空气的压力应略高于磨煤机进口处热风的风压500~700 Pa，密封风量则为通过落煤管的煤斗部分的空气泄漏量加上形成给煤机与磨煤机进煤口之间压差所需的空气量。密封风压过低会导致热风从磨煤机倒入给煤机内，使煤灰易积滞在门框或其他凸出部分，从而导致煤粉自燃。密封风量过小，就不能维持给煤机壳内所需的压力；密封风压过高或密封风量过大，易将煤粒从皮带上吹落，使称量精度下降。

三、磨煤机

磨煤机是通过撞击、挤压、研磨等作用原理将原煤块磨制成煤粉并干燥到一定程度的设备，是制粉系统中的主要设备。

1.磨煤机的分类

根据工作转速的不同，可将磨煤机分为以下三种。

(1)低速磨煤机。转速为15~25 r/min，常用的是筒形钢球磨煤机。

(2)中速磨煤机。转速为50~300 r/min，常用的有中速平盘磨煤机、球式中速磨煤机、碗式中速磨煤机及MPS型磨煤机等。

(3)高速磨煤机。转速为500~1500 r/min，常用的是风扇磨煤机。

目前，我国电厂广泛采用的是钢球磨煤机和中速磨煤机。

2.筒形钢球磨煤机

(1)结构组成。筒形钢球磨煤机是火电厂以前应用最广泛的一种研磨设备，其结构图如图3-5所示。它的碾磨部件由一个直径为2~4 m、长为3~10 m的圆形筒身及装在筒内的钢球组成。圆筒从内到外一般有五层：第一层是护甲，主要由锰钢制的波浪形钢瓦组成，作用是增强抗磨性并把钢球带到一定高度；第二层是石棉，起绝热作用；第三层是筒体本身，由18~25 mm厚的钢板制作而成；第四层是毛毡，作用是隔离并吸收钢球撞击钢瓦产生的声音；第五层是外壳，由薄钢板制成，作用是保护和固定毛毡。

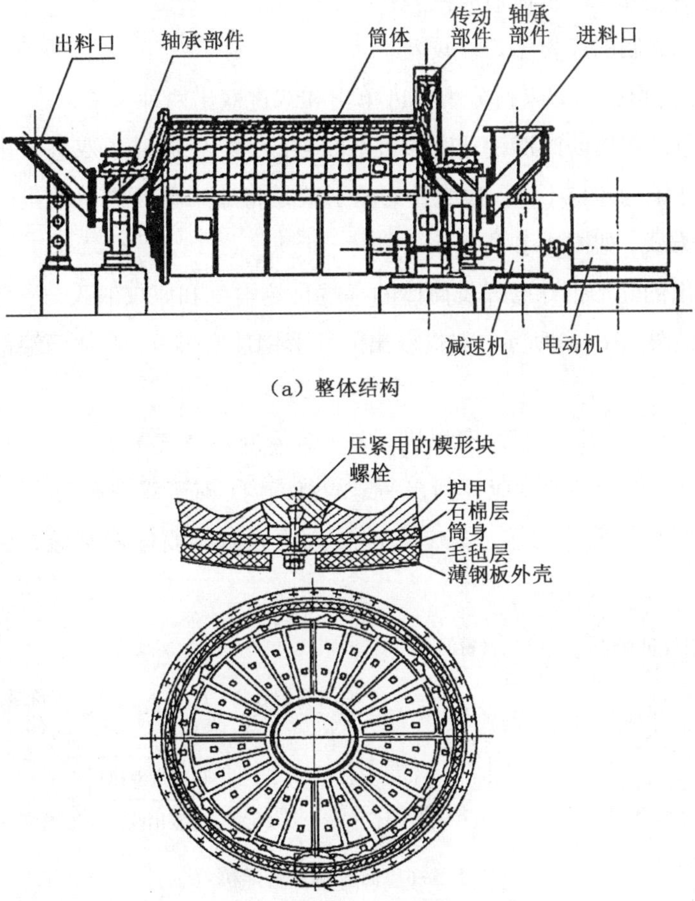

（a）整体结构

（b）筒身由内到外结构

图 3-5 筒式钢球磨煤机结构图

(2)工作过程。筒体内钢球直径为 30~60 mm，工作时原煤与一定温度的热空气从磨煤机的一端进入其筒体内部，筒体经电动机、减速器传动以低速旋转，在离心力与摩擦力作用下，筒内护甲将钢球与原煤提升到一定高度，然后借重力自由下落。一部分煤受到下落钢球的撞击而破碎。此外，钢球之间及钢球与护甲之间的挤压和碾磨也对煤的破碎起了一定的作用。磨好的煤粉经热空气干燥并携带，从另一端输送出去。磨煤机入口的热空气也称为煤粉干燥剂。

(3)优缺点。

①筒形钢球磨煤机的优点：

❈几乎可以磨制各种煤，适应性较强；

❈单台出力较大，磨制的煤粉较细；

❈连续运行时间较长，可靠性好。

②筒形钢球磨煤机的缺点：

❈设备笨重、金属耗量高、占地面积和初投资大；

※运行时耗电量大，负荷适应性差；

※噪声大，磨制的煤粉均匀性较差。

(4)分类。筒形钢球磨煤机分为单进单出和双进双出两种。

近几年，单进单出的筒形钢球磨煤机不断被改进，发展成了双进双出的筒形钢球磨煤机。二者本体结构差异不大，最明显的差别就是将原来单面进单面出的方式变成了两面进两面出的方式，如图 3-6 所示。

①单进单出的筒形钢球磨煤机筒体的一端是热空气和原煤的入口，另一端是气粉混合物的出口，如图 3-6(a)所示。双进双出的筒形钢球磨煤机，筒体两端都安装有进煤管和热风进管。

②对于单进单出的筒形钢球磨煤机，进入筒体的热空气一边干燥煤粉，一边将煤粉带出磨煤机，空气的流动速度应控制在一定的范围内。对于双进双出的筒形钢球磨煤机，热空气和原煤同时从筒体两端进入，气粉混合物同时从筒体两端流出，如图 3-6(b)所示。

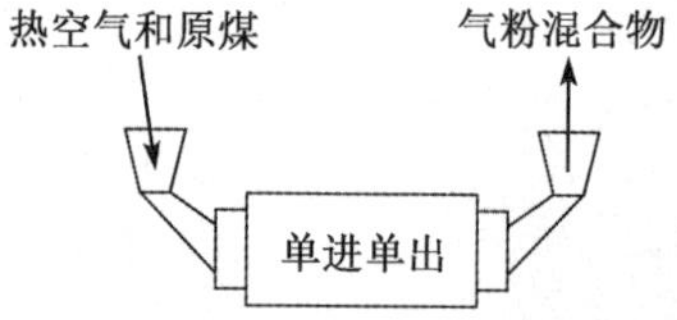

(a) 单进单出筒形钢球磨煤机

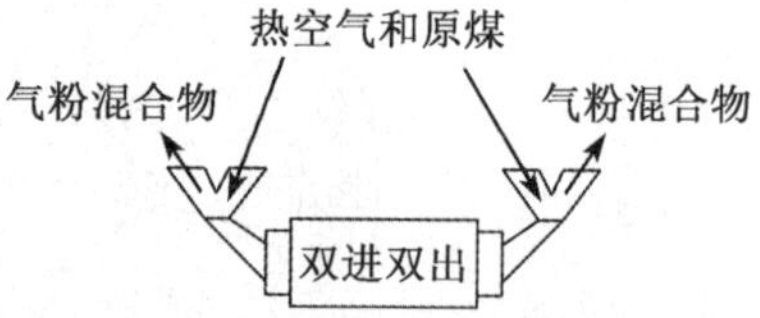

(b) 双进双出筒形钢球磨煤机

图 3-6　筒形钢球磨煤机

近几年，单进单出的筒形钢球磨煤机逐渐被体积紧凑、调节灵活的中速磨煤机所代替，但单进单出的筒形钢球磨煤机再被改成双进双出的筒形钢球磨煤机后，又得到了广泛的应用。后者除了具有单进单出钢球磨煤机的优点外，还有如下特点。

※磨煤单位电耗低。由于双进双出的筒形钢球磨煤机对筒体的利用率高，因此在出力相同时，磨煤单位电耗比单进单出的筒形钢球磨煤机低。

※调节负荷能力强。双进双出的筒形钢球磨煤机储粉能力强，有快速响应锅炉负荷的能力，且运行时靠改变磨煤机通风量来控制给粉量，调节的时滞短。

※锅炉低负荷运行时，磨煤机通风量减少，煤粉变得更细，有利于提高燃烧的稳定性。

※在一定的负荷范围内运行时，能维持较稳定的风煤比。

(5)影响筒形钢球磨煤机工作的因素。筒形钢球磨煤机是锅炉耗能较大的设备，其工作状态对制粉系统运行的经济性影响很大，以下是影响筒形钢球磨煤机工作的主要因素。

①筒体转速。若筒体转速过低，钢球不能被提升到足够的高度，而是随筒体转动形

成一个斜面，钢球沿斜面滑下来，撞击作用很小，如图3-7(a)所示。同时，煤粉被压在钢球下面很难被气流带出，以致磨得很细，降低了磨煤机出力。若筒体转速高于钢球随筒体一起做圆周运动的临界转速，在离心力作用下，钢球贴在筒壁，随着圆筒一起旋转而不再脱离，如图3-7(c)所示，则球的撞击作用完全丧失。显然，筒体的工作转速应保持在小于临界转速的某一适当转速值，如图3-7(b)所示。我们一般将筒内钢球跌落高度最大、撞击作用最强时的转速称为最佳转速。

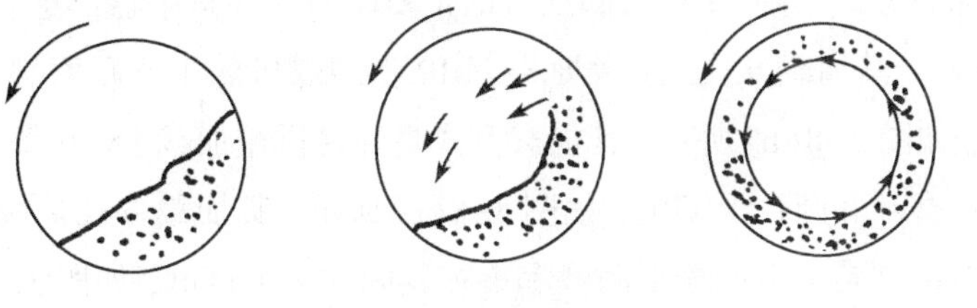

（a）转速太低　　（b）转速适当　　（c）转速太高

图3-7　圆筒转速对筒内钢球运动的影响

②钢球充满系数 φ 和钢球直径。钢球充满系数表示筒体内钢球装载量的多少，是指钢球体积占筒体体积的比例，简称充球系数 φ。通风量与煤粉细度不变时，若钢球装载量过少，则单位时间撞击次数少，磨煤机碾磨能力差，磨煤出力过小，不经济；但钢球装载量过多时，又会导致磨煤机的功率消耗明显增加。因此，最合适的钢球装载量应使磨煤出力较大，而制粉能耗最低，此时所对应的充球系数称为最佳充球系数。

钢球直径应该按照磨煤电耗与磨煤金属损耗总费用最小的原则选用。当充球系数一定时，钢球直径越小，撞击次数及作用面积越大，磨煤出力提高，但球的磨损加剧。随着球径的减小，球的撞击力减弱，不宜磨制硬煤及大块煤。一般采用的钢球直径为30~40 mm，当磨制硬煤或大块煤时，则选用直径为50~60 mm的钢球。运行中，由于钢球不断磨损，为维持一定的充球系数及球径，应定期向磨煤机内添加钢球。

③护甲形状完善程度。形状完善的护甲可增大钢球与护甲的摩擦系数，有助于提升钢球和燃料，使磨煤出力得以提高。磨损严重的护甲与钢球有较大的相对滑动，使较多能量消耗在钢球与护甲的摩擦上，未能用来提升钢球，磨煤出力明显下降。

④通风量。磨煤机内磨好的煤粉，需要一定的通风量将煤粉带出。若其他因素相同，但通风量过小，则不足以将磨好的煤粉携带出来，磨煤机出力减小，磨煤单位电耗升高。而通风量过大，大量的粗粉会被带出磨煤机，经粗粉分离器分离后又返回磨煤机内重磨，导致大量的煤粉无益循环，增大通风电耗。最佳磨煤通风量是钢球装载量不变、制粉单位电耗最小时所对应的磨煤通风量。

⑤载煤量。筒形钢球磨煤机滚筒内载煤量较少时，钢球下落的动能只有一部分用于磨煤，另一部分白白消耗于钢球碰撞磨损。随着载煤量的增加，磨煤出力相应增大，但载煤量过大，煤层变厚，钢球的实际跌落高度下降，磨煤出力也降低。最佳载煤量是使磨煤

机出力最大时的载煤量。

3.中速磨煤机

中速磨煤机主要有四种类型：辊—盘式，又称中速平盘磨煤机(LM 型)；辊—碗式，又称中速碗式磨煤机(HP 型)；辊—环式，又称 MPS 型磨煤机；球—环式，又称中速钢球磨煤机(E 型)。

上述四种磨煤机的工作原理基本相同，只是结构有所不同，主要区别在于碾磨部件的形状及磨辊加载方式不同。LM 型磨煤机的主要碾磨部件是平盘形磨盘和锥形的磨辊，如图 3-8(a)所示，其加载方式是弹簧加载。HP 型磨煤机的主要碾磨部件是浅碗形磨盘和锥形的磨辊，如图 3-8(b)所示，其加载方式是弹簧机械加载；MPS 型磨煤机的主要碾磨部件是凹槽形磨环和圆台形磨辊，如图 3-8(c)所示，其加载方式是液压加载；E 型磨煤机的主要碾磨部件是上下凹槽形磨环和夹在其间的多个钢球，如图 3-8(d)所示，其加载方式是弹簧加载。目前大型机组广泛采用的中速磨煤机以 MPS 型中速磨煤机和 HP 型中速磨煤机居多。

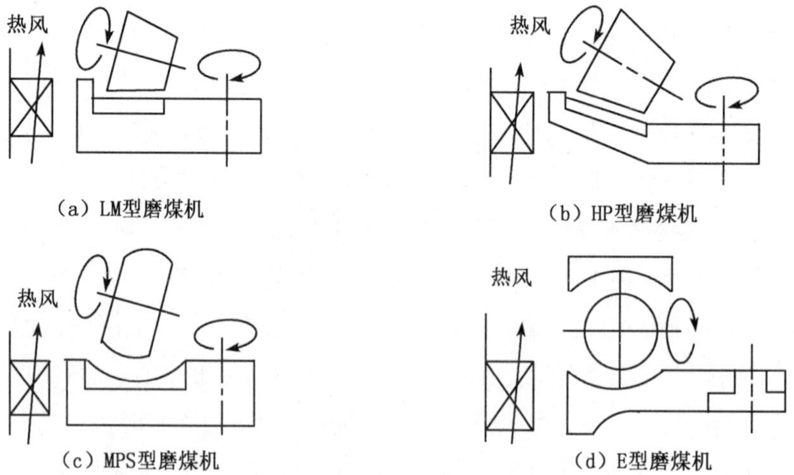

图 3-8　中速磨煤机磨盘和磨辊示意图

(1)中速磨煤机的工作过程。

①煤粉制备。磨盘以一定的转速转动，原煤落在磨盘上运动的碾磨部件表面间，在离心力的作用下沿磨盘径向向外沿运动，在磨辊与磨盘间形成煤床，在压紧力作用下受挤压和碾磨而破碎，继续向外溢出磨盘。

②煤粉的干燥、分离和引出。一次风从下部经磨盘周围风环流入，将煤粉一边干燥一边向上带入粗粉分离器，分离出的合格煤粉进入锅炉燃烧，不合格的粗粉落回磨煤机重磨。

③石子煤的处理。煤中夹杂的难以磨碎的石块、铁块、煤矸石等称石子煤。石子煤在碾磨过程中也被甩到风环处，但由于风环处的风速不足以将其托起，故落到机壳热风室内，然后由石子煤刮板刮入杂物箱中，再由人工定期排出。

(2)HP 型磨煤机。HP 型磨煤机是一种上部带有离心式分离器的浅碗磨煤机，主要由下部磨煤机机体和上部煤粉分离器两部分组成。

①结构组成。磨煤机机体零部件主要由落煤管、分离器顶盖、内锥体、分离器体、弹簧加载装置、磨碗装置、磨辊装置、密封空气管、石子煤排出口、减速器等主要部件组成。HP 型磨煤机结构图如图 3-9 所示。

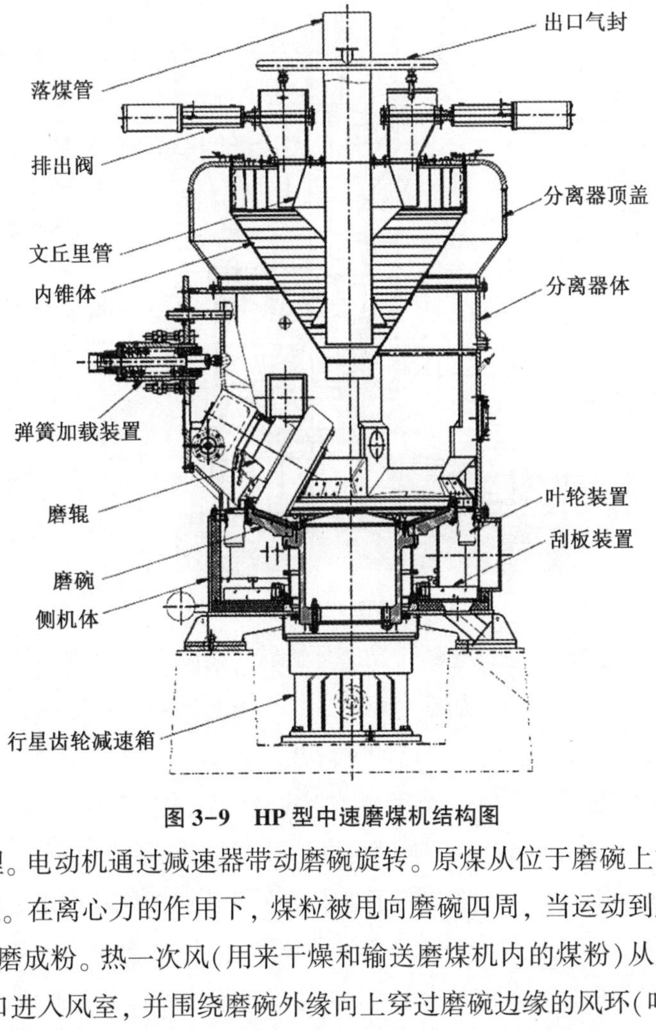

图 3-9 HP 型中速磨煤机结构图

②工作原理。电动机通过减速器带动磨碗旋转。原煤从位于磨碗上方的中央落煤管落下，形成煤粒。在离心力的作用下，煤粒被甩向磨碗四周，当运动到磨辊与磨碗之间时，被挤压、研磨成粉。热一次风(用来干燥和输送磨煤机内的煤粉)从磨碗下部的侧机体(外壳)进风口进入风室，并围绕磨碗外缘向上穿过磨碗边缘的风环(叶轮装置)，旋转的风环(叶轮装置)使气流均匀分布在磨碗边缘并提高了气流的速度，气流携带着煤粉冲击固定在分离器体上的固定折向板。颗粒小且干燥的煤粉被气流携带，沿着折向板上升至分离器。风粉气流向上，流经分离器折向门进入内锥体。在离心力的作用下，较粗的煤粉从气流中分离出来，并回落到磨碗待进一步研磨。煤中的石子煤、铁块等杂物通过风环落到机壳底座(热风室)上，经石子煤刮板排入排渣箱中，再由人工定期排出。

(3)MPS 型磨煤机。MPS 型磨煤机是一种新型外加压力的辊盘式磨煤机，主要用于燃煤电厂直吹式制粉系统，应用于碾磨烟煤、高水分的烟煤和褐煤。

①结构组成。MPS 型磨煤机是一种新型外加压力的中速磨煤机，主要由机体、磨环、磨辊、压架杆、传动盘、风环、减速机、液压缸等组成。磨煤机碾磨件由磨环与磨辊两部分组成，磨盘呈凹槽形，所以一般称磨环。磨辊为圆台形。三个磨辊沿圆周方向相隔120°均布于磨环滚道上。每个磨辊有自己的轴，轴安装在轴架上，每个磨辊都可以绕着自己的轴转动。MPS 型磨煤机结构图如图 3-10 所示。

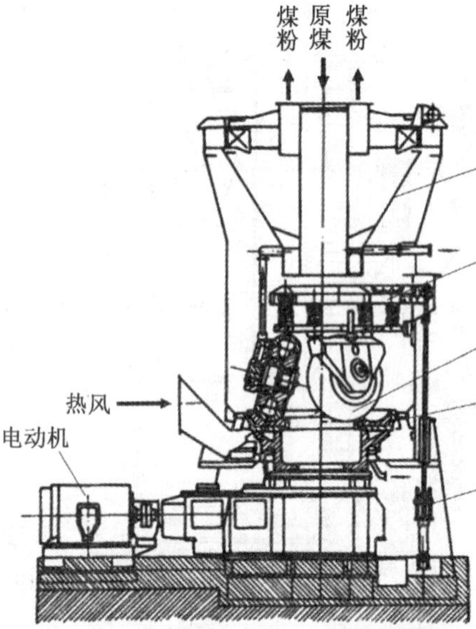

图 3-10　MPS 型磨煤机结构图

②工作原理。电动机通过减速器带动磨环旋转。在施加于磨辊轴架上的液压拉紧装置和自身重量的作用下，磨辊紧压在磨盘环上，于是磨环与磨辊之间因压力产生了摩擦力。在摩擦力的作用下，磨辊绕着自己的轴旋转。也就是说，磨环是主动转动，磨辊是从动转动。原煤从磨煤上部的中央落煤管落下，落到传动盘上面的伞形罩上。在离心力的作用下，煤粒被甩向四周，当其运动至磨辊下面时，被磨辊碾碎。碾碎后的煤粉在离心力的作用下继续向磨环周围运动。当煤粉通过安装在磨环周围风环的上方时，被来自风环的热一次风送入磨煤机上机体与分离锥之间的环形通道中。因上方边界的约束，煤粉须经分离器折向门，切向进入分离锥内部，并向下运动。在离心力和惯性力的作用下，粗、细粉被分离。合格的煤粉向上进入煤粉分配器中，继而进入其上面的各一次风管，进入炉膛燃烧；不合格的粗粉返回磨环中重新磨制。煤中的石子煤、铁块等杂物通过风环落到机壳底座(热风室)上，经石子煤刮板排入排渣箱中，再由人工定期排出。

(4)E 型磨煤机。E 型磨煤机的碾磨部件是夹在上下磨环之间自由滚动的大钢球。由于上磨环、钢球和下磨环三者的结构类似英文字母“E”而得名。其下磨环为主动，钢球可以在磨环之间自由滚动，不断地改变旋转轴线位置，可以在整个工作过程中保持其圆度。上磨环能上下垂直移动，通过弹簧或液压——气力加载装置——使其对钢球施加一定的压力，即碾磨力。E 型磨煤机没有磨辊，不需要考虑磨辊轴穿过机壳的密封问题。

(5)中速磨煤机的优缺点。

①中速磨煤机的优点：

❖结构紧凑，金属耗量少，占地面积小，初投资少；

❖运行时耗电量小，特别是低负荷时单位磨煤电耗增加不多；

❖噪声小，密封性能好；

❖当配用回转式粗粉分离器时，煤粉均匀性很好。

②中速磨煤机的缺点：

❖煤种适应性较球磨机差，碾磨部件易磨损，不适宜磨硬煤和灰分大的煤；

❖由于热风温度不宜太高，因此也不宜磨水分大的煤。

(6)影响中速磨煤机工作的因素。

①燃料性质。中速磨煤机主要靠碾压方式磨煤，在磨煤机中燃料的扰动和干燥过程并不十分强烈，燃料的水分较大时则容易压成煤饼，造成磨煤出力降低。而燃料的水分较低时则发生滑动，也会造成磨煤出力下降。

②转动速度。中速磨煤机的转速应以磨煤效果好、磨煤电耗低和研磨部件寿命长为原则。转速过高时，煤的离心力大，煤没有被磨碎就通过研磨件，大颗粒煤造成通风阻力、粗粉量及磨煤通风电耗增加；转速过低时，磨制好的煤粉不能及时被热风带走，细粉量增加，磨煤电耗增加。为了降低大容量磨煤机磨煤电耗，减轻磨煤部件的磨损，磨煤机的转速有降低的趋势。

③通风量。磨煤机通风量的大小对磨煤电耗、煤粉细度及石子煤的排放量等都有影响。因此，中速磨煤机需维持一定的风煤比。

④碾磨压力。运行中要求碾磨压力要保持稳定。碾磨压力过大，将加速碾磨件的磨损；碾磨压力过小，将使磨煤出力降低、煤粉变粗。

四、排粉机

排粉机是制粉系统中气粉混合物流动的动力来源，磨煤机正是靠它克服流动过程中的阻力，完成煤粉的气力输送。

按照制粉系统的工作流程，排粉机可以安装在磨煤机之后，也可以安装在磨煤机之前，两种情况各有优缺点。

(1)排粉机安装在磨煤机之后，系统处于负压下工作。

①排粉机叶片有磨损。排粉机在磨煤机后，因此全部煤粉均通过排粉机，所以排粉机叶片磨损严重，造成增加运行电耗和系统运行可靠性低，维修量大。

②漏风，无漏粉。磨煤机处于负压运行，会漏风，但不会向外喷粉，工作环境较干净。

(2)排粉机安装在磨煤机之前，系统处于正压下工作。

①排粉机叶片无磨损。排粉机在磨煤机前，因此通过排粉机的是洁净空气，所以不存在排粉机叶片磨损问题。

②系统要求排粉机在高温下工作，运行可靠性较低。

③无漏风，有漏粉。磨煤机处于正压运行，无漏风，但会向外喷粉，影响环境卫生和设备安全，因此需采取密封措施。

五、粗粉分离器

粗粉分离器的作用是对磨煤机出口的煤粉进行粗细粉分离，分离出来的不合格粗粉送回磨煤机重新磨制，合格的煤粉送往锅炉燃烧。粗粉分离器有多种类型，其中离心式粗粉分离器使用最为广泛，它具有调节幅度大、出粉细而均匀、适用煤种广等优点，但结构较为复杂。

1.离心式粗粉分离器

离心式粗粉分离器有普通径向型和轴向改进型两种。二者相比，轴向型粗粉分离器结构较复杂、通风阻力大，但是分离效果较好、煤粉均匀、调节幅度宽、回粉中的细粉少，所以广泛采用轴向型粗粉分离器。该分离器由内、外锥体，调节圆锥帽，可调折向挡板和回粉管等组成，如图 3-11 所示。

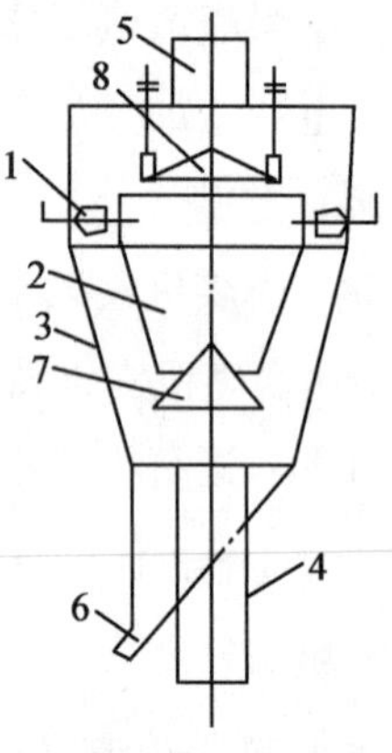

图 3-11　离心式粗粉分离器结构示意图

1—可调折向挡板；2—内锥体；3—外锥体；4—进口管；5—出口管；6—回粉管；7—锁气器；8—调节圆锥帽

从磨煤机出来的气粉混合物自下而上进入分离器锥体，通过内、外锥体之间的环形空间时，由于流通截面的扩大，其速度逐渐降低，粗煤粉在重力的作用下从气流中分离出来，经过外锥体回粉管返回磨煤机重新磨制。携带细粉的气流则进入分离器上部，经安装在内、外圆柱壳体间环形通道内的折向挡板时产生旋转运动，借撞击和离心力使较粗的煤粉颗粒进一步分离落下，合格的细煤粉被气流从出口管带走。分离下来的粗粉经内锥体底部的锁气器，由回粉管返回磨煤机，回粉在下落时与上升的气粉混合物相遇，将其中少量细煤粉带走。这样可以减少回粉中细粉的含量，提高分离效率。在内锥体上面装有可上下移动的锥形调节帽，可以调节煤粉细度。

2.回转式粗粉分离器

回转式分离器是一个旋转的分离器，如图 3-12 所示。分离器上部有一个电动机带动的转子，转子上大约有 20 个角钢或扁钢制成的叶片。当煤粉气流自下而上进入分离器时，由于通流截面扩大，气流流速降低，部分粗粉在重力作用下被分离出来。继续上升的煤粉气进入转子区域，在转子带动下做旋转运动，粗粉在离心力作用下被抛到分离器的筒壁上，沿着筒壁滑落下来，经回粉管返回磨煤机重磨，细粉则由气流携带从上部切向引出。

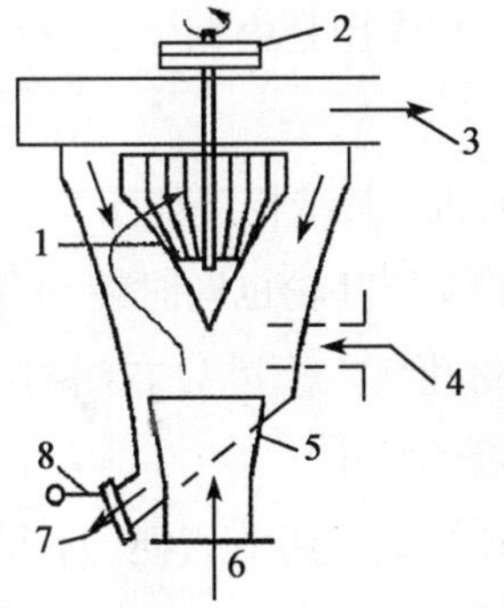

图 3-12　回转式粗粉分离器示意图

1—转子；2—皮带轮；3—合格风粉混合物切向引出口；4—二次风入口；5—进粉管；6—煤粉空气混合物进口；7—粗粉出口；8—锁气器

改变转子的转速，即可调节煤粉细度。转子转速越高，分离作用越强，气流带出的煤就越细。反之，转速越低，气流带出的煤粉就越粗。

回转式粗粉分离器的特点是：结构紧凑，流动阻力较小，磨煤电耗较低；调节方便，应负荷变化的性能较好；分离出的煤粉较细且均匀性好。但是，这种分离器结构比较复杂，磨损严重，检修工作量大。

六、细粉分离器

细粉分离器也称为旋风分离器，是中间储仓式制粉系统中必不可少的分离设备。它位于粗粉分离器之后，作用是将煤粉从气粉混合物中分离出来，以便将煤粉储存在煤粉仓中。

该分离器的工作原理与离心式粗粉分离器的工作原理相同，主要是靠旋转运动产生的惯性离心力来实现气粉分离的，目前电厂常用的小直径旋风分离器结构图如图 3-13 所示。

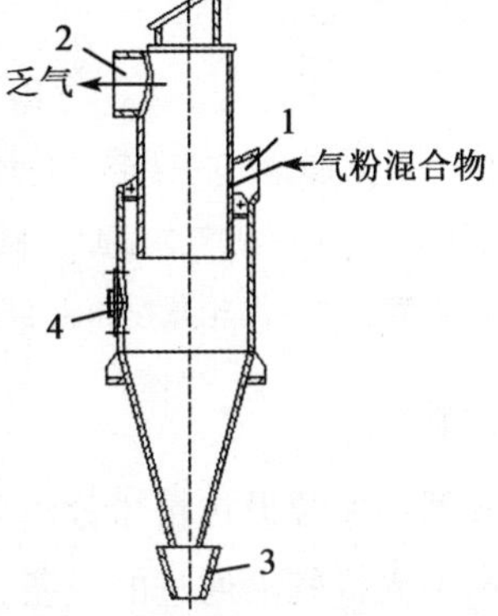

图 3-13　小直径旋风细粉分离器结构图

1—风粉混合物入口；2—被分离后的乏气出口；3—集粉箱；4—人孔

气粉混合物从入口管以 16～2 m/s 的速度，被切向送入分离器圆筒的上部，在外圆筒与中心管之间高速旋转向下。由于离心力的作用，煤粉被抛向筒壁，沿着筒壁下落至筒底的煤粉出口。当气流向下旋转至中心管入口处时，转弯向上进入中心管。此时，煤粉二次分离，被分离出来的煤粉经锁气器进入煤粉仓或螺旋输粉机，气流经中心管引往排粉机。

七、给粉机

给粉机装设在煤粉仓下面，其作用是根据锅炉负荷的需要，把煤粉仓中的煤粉及时均匀地送入一次风管中。

目前，电厂常用叶轮式给粉机，其结构图如图 3-14 所示。当电动机经减速器带动给粉机主轴转动时，固定在轴上的上下叶轮也同时转动，煤粉仓下落的煤粉首先送到上叶轮的右侧，通过固定盘上的落粉孔落入下叶轮右侧的出口，落入一次风管路。改变电动机的转速即可调节给粉机给粉量的大小。

叶轮式给粉机的优点是供粉均匀、调节方便、不易发生煤粉自流，能防止一次风冲入煤粉仓。其缺点是结构较为复杂，电耗较大，而且易被煤粉中的木屑等杂物堵塞，从而影响系统运行。

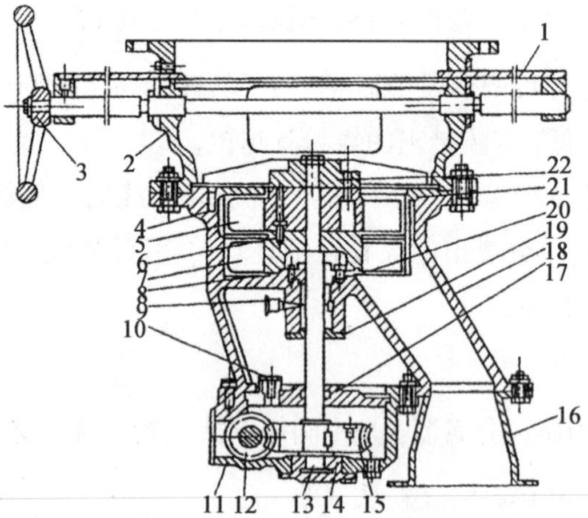

图 3-14　叶轮式给粉机结构图

1—闸板；2—上部体；3—手轮；4—供给叶轮壳；5—供给叶轮；6—传动销；7—测量叶轮；8—座；9—黄干油杯；10—放气塞；11—涡轮壳；12—涡杆；13—主轴；14—圆锥滚子轴承；15—涡轮；16—出粉管；17—涡轮减速箱上盖；18—下部体；19—压紧帽；20—油封；21—衬板；22—刮板

八、锁气器

锁气器一般装设在粗粉分离器的回粉管和细粉分离器的落粉管等处，它是只允许煤粉通过而不允许气流通过的设备。锁气器有翻板式和草帽式两种，如图 3-15 所示。二者都是利用杠杆原理，当翻板或活门上的煤粉超过一定数量时，翻板或活门自动打开，煤粉落下；当煤粉减少到一定程度时，翻板或活门又因平衡重锤的作用而关闭。翻板式锁气器可以装在垂直或倾斜的管段上；草帽式锁气器只能装在垂直管段上。翻板式锁气器不易卡住，工作可靠；草帽式锁气器动作灵活，煤粉下落均匀，而且严密性好。

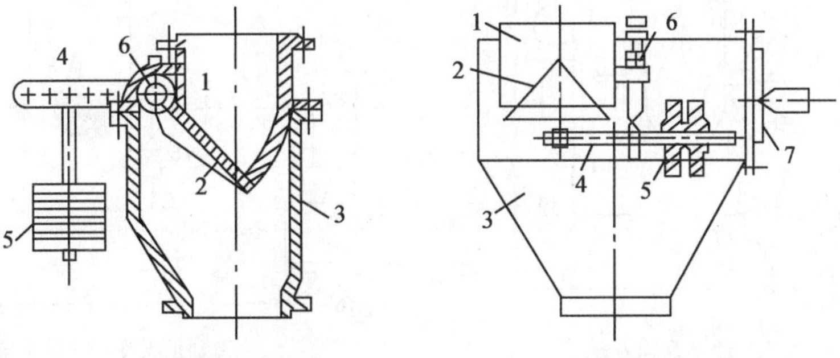

图 3-15　锁气器

1—煤粉管；2—翻板或活门；3—外壳；4—杠杆；5—平衡重锤；6—支点；7—手孔

第三节　制粉系统

制粉系统的任务是将经过破碎、筛分后的原煤进行干燥和磨制，以获得规定数量、合格细度和干燥适中的煤粉供锅炉燃烧，并根据锅炉的运行情况及时对煤粉量和细度进行调节。

制粉系统可以分为直吹式制粉系统和中间储仓式制粉系统。

一、直吹式制粉系统

直吹式制粉系统是指将磨煤机磨制好的煤粉直接吹入炉膛进行燃烧。每台锅炉所有运行磨煤机制粉量的总和，在任何时候均等于锅炉燃料的消耗量，即制粉量随锅炉负荷变化而变化。因此，直吹式制粉系统应与变负荷运行特性较好的中速磨煤机、高速磨煤机或者双进双出筒形钢球磨煤机配套使用。

1. 中速磨煤机直吹式制粉系统

根据排粉机安装位置的不同，可将中速磨煤机直吹式制粉系统分为正压直吹式制粉系统和负压直吹式制粉系统两种。正压系统又分为冷一次风系统和热一次风系统，如图 3-16 所示。

(1) 正压直吹式制粉系统。它是指将排粉机布置在磨煤机之前，整个系统处于正压下工作，如图 3-16(a) 和图 3-16(b) 所示。

图 3-16(a) 所示为正压热一次风系统。该系统中，一次风机装在空气预热器和磨煤机之间，一次风机输送的是高温热风。因为空气温度高，所以风机轴承易损坏，运行的可靠性差，风机效率也会因此而下降。

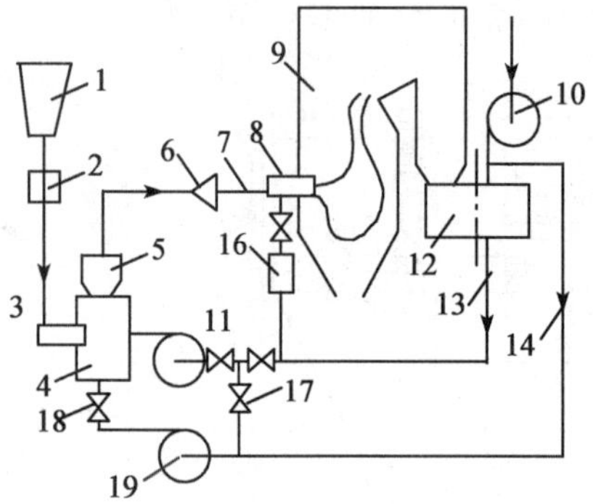

（a）正压热一次风系统

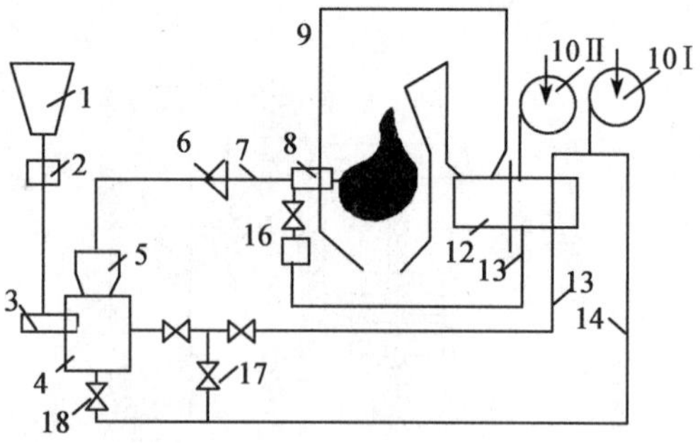

（b）正压冷一次风系统

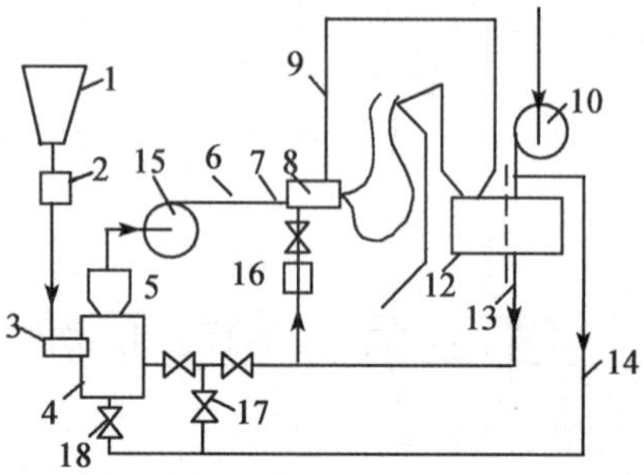

（c）负压直吹式制粉系统

图 3-16　中速磨煤机直吹式制粉系统

1—原煤仓；2—自动磅秤；3—给煤机；4—磨煤机；5—粗粉分离器；6—一次风箱；7—一次风管；8—燃烧器；9—锅炉；10—送风机；10Ⅰ—一次风机；10Ⅱ—二次风机；11—一次风机；12—空气预热器；13—热风管道；14—冷风管道；15—排粉风机；16—二次风箱；17—冷风门；18—磨煤机密封冷风门；19—密封风机

图 3-16(b)所示为正压冷一次风系统，是目前我国大机组普遍采用的制粉系统。该系统中，一次风机布置在空气预热器之前，通过风机的介质为冷空气，使风机的工作条件大为改善，通风电耗也降低。但由于冷一次风机的风压比二次风机的风压高得多，在预热器中需要有各自不同的通道进行分别加热，这就要求选用三分仓空气预热器。

正压直吹式制粉系统中，一次风机输送的是洁净的空气，不存在叶片磨损问题，冷空气也不会漏入系统，因此，锅炉和制粉系统运行的经济性都比负压系统高。但磨煤机应采取密封措施，否则向外冒粉不仅污染环境，还可能引起煤粉爆炸。

(2)负压直吹式制粉系统。它是指将排粉机布置在磨煤机之后，整个系统处于负压下工作，如图 3-16(c)所示。

该系统中热空气作干燥剂与原煤一起进入磨煤机，在磨煤机内完成干燥和磨制过程后，随气流进入粗粉分离器，合格煤粉由干燥剂携带送入炉膛燃烧，不合格的煤粉返回磨煤机重新磨制。此外，中速磨煤机的下部局部有正压，需要引入一股起密封作用的压力冷风，这股冷风被称为密封风。

负压直吹式制粉系统中，煤粉不会向外喷冒，工作环境比较干净。但是，由于燃烧所需的全部煤粉都通过排粉机，使风机叶片磨损严重，这不仅降低风机效率，增加运行电耗，而且经常更换叶片使运行费用增加，系统的可靠性降低。此外，负压系统漏风量较大，为了维持一定的炉膛过量空气系数，势必减少流经空气预热器的空气量，结果使排烟损失增加，锅炉效率降低。故该系统目前已很少采用。

2.风扇磨煤机直吹式制粉系统

在风扇磨煤机直吹式制粉系统中，风扇代替了排粉机，简化了制粉系统。根据原煤水分不同，国内配风扇磨煤机的直吹式制粉系统磨制烟煤时，大多采用热风作干燥剂；磨制高水分褐煤时，则采用热风掺炉烟作干燥剂，如图 3-17(a)和图 3-17(b)所示。

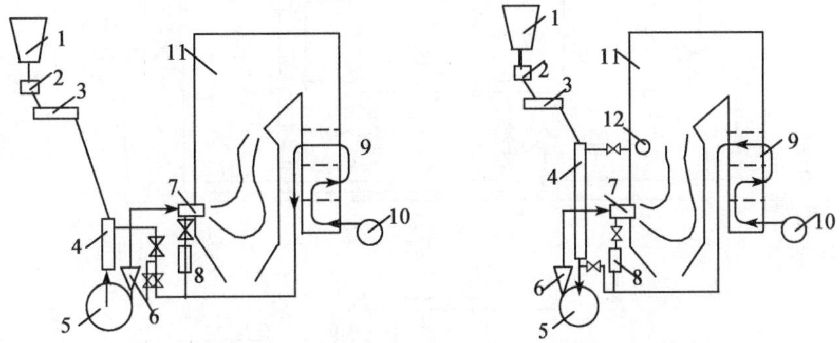

（a）热风干燥　　（b）热风掺炉烟作干燥

图 3-17　风扇磨煤机直吹式制粉系统

1—原煤仓；2—下煤管；3—给煤机；4—干燥管；5—风扇磨煤机；6—一次风箱；7—燃烧器；8—二次风箱；9—空气预热器；10—送风机；11—锅炉；12—抽烟口

采用热风掺炉烟作干燥剂，不仅增强了制粉系统的干燥能力，而且由于烟气中惰性气体的混入，降低了原干燥剂的氧浓度，大大减少了制粉系统自燃爆炸及燃烧器嘴被烧坏的危险性，减少 NO_x 的生成。

二、中间储仓式制粉系统

中间储仓式制粉系统是将磨制好的煤粉先储存在煤粉仓中，再根据锅炉燃烧的需要通过给粉机将煤粉送入炉膛燃烧。为了气粉分离与煤粉的储存、转运和调节的需要，系统中增加了煤粉仓、细粉分离器、给粉机、排粉机和螺旋输粉机等设备。

1.中间储仓式制粉系统的工作过程

给煤机将原煤送入磨煤机，热空气和原煤一同进入磨煤机，热空气一边干燥煤粉，一边将煤粉带出磨煤机进入粗粉分离器，分离器将不合格的粗粉分离出来送回磨煤机重磨，合格煤粉被干燥剂带入细粉分离器进行气粉分离，其中约 90% 的煤粉被分离下来，落入煤粉仓或经螺旋输粉机转送往其他锅炉的煤粉仓中。根据锅炉负荷需要，给粉机将煤粉仓中的煤粉输入一次风管，再送往炉内燃烧。从细粉分离器上部引出的磨煤乏气中，还有约 10%的细煤粉。为了利用这部分煤粉，一般经排粉机升压后，将此部分煤粉送入炉内燃烧，以节省燃料并避免其污染环境。

2. 中间储仓式制粉系统的分类

根据含有约 10%的细煤粉的乏气送入炉内方式的不同，还可将中间储仓式制粉系统分为热风送粉系统和乏气送粉系统，如图 3-18 所示。

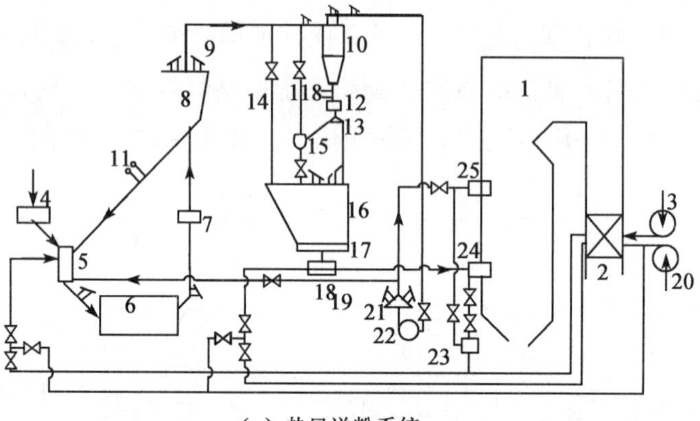

（a）热风送粉系统

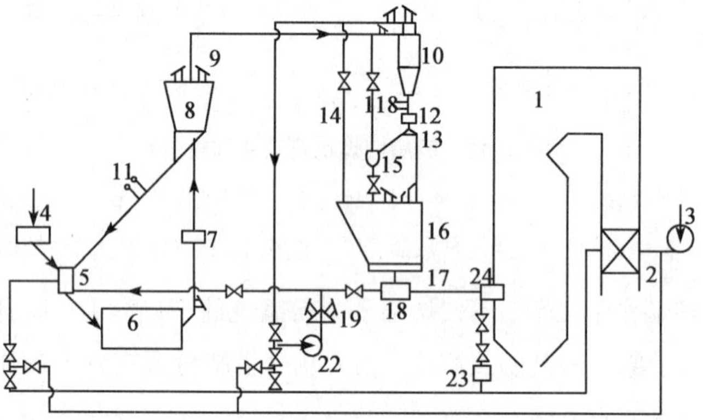

（b）乏气送粉系统

图 3-18　中间储仓式制粉系统

1—锅炉；2—空气预热器；3—送风机；4—给煤机；5—下降干燥管；6—磨煤机；7—木块分离器；8—粗粉分离器；9—防爆门；10—细粉分离器；11—锁气器；12—木屑分离器；13—换向器；14—吸潮管；15—输粉机；16—煤粉仓；17—给粉机；18—风粉混合器；19——次风箱；20——次风机；21—乏气风箱；22—排粉机；23—二次风箱；24—燃烧器；25—乏气喷嘴；26—煤粉分配器；27—隔绝门；28—风量测量装置；29—密封风机；30—冷烟风机；31—除尘器；32—引风机；33—煤粉浓缩器

（1）热风送粉。将含有约 10%的细煤粉的乏气不作为一次风，而是作为三次风由排粉机直接送入燃烧器的三次风喷口进入炉内燃烧，再用热空气作为一次风把煤粉送入炉内燃烧，称为热风送粉系统，如图3-18(a)所示。热风送粉的特点是一次风的温度较高，所以这对于使难着火的无烟煤、贫煤及劣质煤稳定着火和燃烧具有现实意义。

(2)乏气送粉。将含有约10%的细煤粉的乏气代替热风，然后作为一次风输送煤粉进入炉膛，称为乏气送粉系统，也称为干燥剂送粉系统，如图3-18(b)所示。它适用于原煤水分M较低、挥发分V较高、易于着火燃烧的烟煤。

三、直吹式制粉系统与中间储仓式制粉系统的比较

1.直吹式制粉系统的特点

(1)系统简单，设备少，布置紧凑，钢材耗量小，投资省，运行电耗低。

(2)制粉系统设备的工作直接影响锅炉的运行工况，运行可靠性较差，系统需设置备用磨煤机。

(3)直吹式负压系统的排粉风机磨损严重，对制粉系统的工作安全影响较大。

(4)锅炉负荷变化时，燃煤量通过给煤机调节，时滞较大，灵活性较差。

(5)由于燃煤与空气的调节均在磨煤机之前，因此运行中调节各并列一次风管中煤粉和空气的分配比较困难，容易出现风粉不均现象。

2.中间储仓式制粉系统的特点

(1)系统复杂，钢材耗量大，初投资大，运行费用高，煤粉自燃爆炸的可能性比直吹式系统大。

(2)有煤粉仓储存煤粉，并可通过螺旋输粉机在相邻制粉系统间调剂煤粉，供粉的可靠性较高。磨煤机可经常在经济负荷下运行，当储粉量足够时可停止磨煤机工作而不影响锅炉正常运行。

(3)锅炉负荷变化时，燃煤量通过给粉机调节，中间环节少，调节方便灵活。

(4)中间储仓式制粉系统还可采用热风送粉，从而大大改善燃用无烟煤、贫煤及劣质煤时的着火条件。

(5)排粉机的磨损比直吹式负压制粉系统轻得多。虽然中间储仓式制粉系统也是在负压下工作，但与直吹式负压制粉系统相比，通过排粉机的煤粉大部分是经细粉分离器分离后剩余的少量细粉。

第四章　燃烧原理及设备

【知识目标】

(1)熟悉煤粉气流的燃烧过程，理解影响煤粉气流着火和燃烧的因素及强化措施。

(2)掌握燃烧器的种类、结构、工作原理、布置等。

(3)了解煤粉炉炉膛结构布置和结渣问题。

【能力目标】

(1)能够分清三种燃烧区域的区别；能够正确叙述强化燃烧的基本条件。

(2)能根据燃烧器的外形结构区分燃烧器的类型，并能够正确叙述各种燃烧器的工作原理、结构组成和煤种的适应性。

(3)能够正确分析影响煤粉结渣的因素，并能正确提出防止结渣的有效措施。

第一节　煤粉燃烧的基本原理

燃烧过程是一个复杂的物理、化学的综合过程。燃料的燃烧一般是指燃料中的可燃物质与空气中的氧化剂之间进行的发热与发光的高速化学反应，反应所生成的物质称为燃烧产物。燃料与氧化剂若是同一物态，如气体燃料在空气中的燃烧，称为均相燃烧；若不是同一物态，如固体燃料在空气中的燃烧，则称为多相燃烧。电厂锅炉中煤粉的燃烧属于多相燃烧，反应是在燃料固体表面进行的。

一、燃烧速度和燃烧区域

1.燃烧速度

燃烧速度是指单位时间内消耗的燃料量。煤粉的燃烧速度的关键在于炭粒的燃烧速度。它与两方面因素有关，即炭和氧的化学反应速度、氧的扩散速度。最终的燃烧速度取决于两个速度中的较慢者。

实际上，在炉内燃烧过程中，反应物的浓度和炉膛压力变化均较小，可以忽略不计，因此煤粉的燃烧速度主要与温度和氧的扩散速度有关。

2.燃烧区域

在不同的温度下，由于化学反应条件与气体扩散条件的影响是不同的，因此燃烧过程可能处于以下三个不同的区域。

(1)动力燃烧区。当温度较低(小于1000 ℃)时，炭粒表面的化学反应速度较慢，化学反应的耗氧量远远小于供应到炭粒表面的氧量，燃烧速度主要取决于化学反应动力因素(温度和燃料反应特性)，而氧的扩散过程对燃烧速度影响很小，因而将这个反应温度区称为动力燃烧区。在该区域内，温度对燃烧过程起着决定性的作用，提高燃烧速度的有效措施应该是提高反应系统的温度。

(2)过渡燃烧区。当温度在1000~1400 ℃时，炭粒表面的化学反应速度与氧的扩散速度相差不多，化学反应速度和氧的扩散速度都对燃烧速度有影响，将这个反应温度区称为过渡(中间)燃烧区。在该区域内，提高反应系统温度和改善炭粒与氧的扩散混合条件，都可使燃烧速度增大。

在煤粉炉中，只有那些粗煤粉在炉膛的高温区才有可能接近扩散燃烧。在炉膛燃烧中心以外，煤粉是处于过渡区甚至动力区燃烧的。因此，提高炉膛温度和改善氧的扩散速度都可以强化煤粉的燃烧过程。

(3)扩散燃烧区。当温度很高(大于1400 ℃)时，化学反应速度随温度升高而急剧增大，炭粒表面化学反应的耗氧量远远超过氧的供应量，扩散到炭粒表面的氧不能满足化学反应的需要，氧的扩散速度已成为制约燃烧速度的主要因素，将这个反应温度区域称为扩散燃烧区。在该区域内，提高燃烧速度的有效措施是增大气流与炭粒的相对速度或减小炭粒直径。

二、煤粉的燃烧过程

煤粉随同空气以射流的形式经燃烧器喷入炉膛，在悬浮状态下燃烧形成煤粉火炬，从燃烧器出口至炉膛出口，整个燃烧过程大致分为三个阶段。

1.着火前的准备阶段

着火前的准备阶段是吸热阶段，是指煤粉气流喷入炉内至着火的阶段。在此阶段，煤粉气流被炉膛中的烟气不断加热，温度逐渐升高。煤粒受热后，水分首先蒸发，接着干燥的煤粉进行热分解析出挥发分。挥发分析出的数量和成分决定于煤的特性、加热温度与速度。一般认为，从煤粉中析出的挥发分先着火燃烧。挥发分燃烧放出的热量又加热炭粒，炭粒温度迅速升高，当炭粒加热至一定温度并有氧补充到炭粒表面时，炭粒着火燃烧。

2.燃烧阶段

煤粉气流着火以后进入燃烧阶段，它是放热阶段，主要是挥发分和焦炭的燃烧。当温度升高到一定值时，煤粒表面的挥发分首先着火燃烧，放出的热量对煤粒直接加热。

煤粒被加热到一定温度并有氧补充到其表面时，煤粒首先局部着火，然后扩展到整个表面。

3.燃烬阶段

燃烬阶段是燃烧阶段的继续。煤粉经过燃烧后，炭粒变小，表面形成灰壳，大部分可燃质已燃烬，只剩少量残余炭粒继续燃烧，成为灰渣。一方面，残余炭粒常被灰分和烟气所包围，空气很难与之接触；另一方面，在燃烬阶段中，氧浓度相应减少，气流的扰动减弱，燃烧速度明显下降，燃烧放热量小于水冷壁的吸热量，烟温逐渐降低，故燃烬阶段的燃烧反应进行得十分缓慢，用时最长。

据有关资料表明，97%的可燃质是在 1/4 的燃烧时间内燃尽的，其余 3%的可燃质的燃尽却用了 3/4 的燃烧时间。

三、煤粉迅速完全燃烧的条件

1.相当高的炉膛温度

温度是燃烧化学反应的基本条件，对燃料的稳定着火、迅速燃烧、快速燃尽均有重大的影响，维持炉内适当高的炉温是至关重要的。但炉内温度过高时，需要考虑锅炉结渣问题。

2.适量的空气供应

适量的空气供应指为燃料提供足够的空气，它是燃烧反应的初始条件。空气供应不足，可燃物得不到足够的氧气，也就不能达到完全燃烧。但空气量太大，又会导致炉温下降及排烟损失增大。

3.煤粉与空气的良好混合和扰动

煤粉与空气的良好混合是燃烧反应的重要物理条件。混合使炉内热烟气回流对煤粉气流进行加热，以使其迅速着火。混合使炉内气流强烈扰动，对煤粉在燃烧阶段向炭粒表面提供氧气，向外扩散 CO_2，以及燃烧后期促使燃料燃尽，都是必不可少的条件。

4.足够的炉内停留时间

燃料在炉内停留足够的时间，才能达到可燃物的高度燃尽，这就要求有足够大的炉膛容积。炉膛容积与锅炉容量成正比。当然，炉膛容积也与燃料燃烧特性有关，易于燃烧的燃料，炉膛容积可相对小些。如相同容量的锅炉，烧无烟煤的炉膛容积要比烧烟煤的炉膛容积稍大些。

四、煤粉气流着火的强化

影响煤粉气流着火的主要因素概括起来主要有燃料因素、设备结构因素、运行因素。

1.燃煤性质

燃煤中的挥发分、灰分、水分对煤粉着火均有一定影响。

(1)挥发分是判别煤粉着火特性的主要指标。挥发分高的煤，着火温度低，所需着火热少，着火容易。而且其火焰传播速度快，燃烧速度也较快。

(2)原煤灰分在燃烧过程中不但不能放热，而且还要吸热。特别是当燃用高灰分的劣质煤时，由于燃料本身发热量低，燃料的消耗量增大，大量灰分在着火和燃烧过程中要吸收更多热量，因而使得炉内烟气温度降低，同样使煤粉气流的着火推退，也影响了着火的稳定性，而且灰壳对焦炭核的燃烬起阻碍作用，所以煤粉不易烧透。

(3)水分多的煤，着火需要的热量就多。由于一部分燃烧热消耗在加热水分并使其蒸发、汽化和过热上，导致炉内烟温水平降低，从而使煤粉气流卷吸的烟气温度及火焰对煤粉气流的辐射热都降低，这对着火显然是不利的。

2.煤粉细度

煤粉越细，进行燃烧反应的表面积越大，加热升温快，单位时间内煤粉吸热量越多，着火越快。由此可见，对于难着火的低挥发分煤，将煤粉磨得更加细一些，无疑会加速它的着火过程。煤粉越细，燃烧越完全。

3.一次风温

提高一次风温可以减少着火热，从而加快着火。因此，对于难着火的无烟煤、劣质煤或某些贫煤，应适当提高空气预热器出口的热风温度，并采用热风送粉制粉系统。

4.一次风和二次风的配合

一次风量以能满足挥发分的燃烧为原则。一次风量和一次风速提高都对着火不利。一次风量增加，煤粉气流加热到着火温度所需热量增加，着火点推迟。一次风速高，着火点推后；一次风速低，会造成一次风管堵塞，还可能烧坏燃烧器。一次风温高，煤粉气流达到着火点所需的热量少，着火点提前。

二次风混入一次风的时间应合适。如果在着火前提前混入二次风，着火推迟；如果混入二次风过迟，着火后的燃烧缺氧。二次风一下子全部混入一次风对燃烧也是不利的，因为二次风的温度远低于火焰温度，大量低温的二次风混入会降低火焰温度，使燃烧速度减慢，甚至造成熄火。

二次风速一般应大于一次风速。二次风速比较高，才能使空气与煤粉充分混合；二次风速又不能比一次风速大太多，否则会迅速吸引一次风，使混合提前，影响着火。

总之，二次风混入应及时而强烈，才能使混合充分，使燃烧迅速完全。

燃用低挥发分煤时，应提高一次风温，适当降低一次风速，选用较小的一次风率，对煤粉的着火燃烧有利。

燃用高挥发分煤时，一次风温应低些，一次风速高些，一次风率大些。有时，有意使二次风混入一次风的时间早些，将着火点推后，以免结渣或烧坏燃烧器。

5.着火区的炉温

煤粉气流在着火阶段温度较低，燃烧处于动力燃烧区，迅速提高着火区的炉温可加速着火。影响着火区炉温的因素较多，如炉膛热负荷、炉内散热条件、锅炉运行负荷等。

五、煤粉气流的燃烧与强化

煤粉气流着火后就进入燃烧中心区，强化燃烧既要加强氧的扩散混合，又不得降低炉温。

1.及时送入二次风

一次风中的氧气很快耗尽，炭粒表面缺氧限制了燃烧过程的发展，及时供应二次风并加强一、二次风的混合，是强化燃烧的基本途径。所谓及时是指二次风应在煤粉气流着火后立即混入。混入过晚，氧气量供应不足，将会使燃烧速度减慢，不完全燃烧损失增加；混入过早，相当于增加了一次风量，增加了着火点，使着火推迟。

2.较高的炉温

炉膛温度高，有利于对煤粉加热，着火时间可提前，燃烧迅速，也容易达到燃烧完全。但炉膛温度也不能太高，要注意防止炉膛结渣和过多的氮氧化物的形成等问题。

3.二次风温和风速

一般来说，二次风温越高，越有助于燃烧，并能在低负荷运行时增强着火的稳定性。但是二次风温的提高受到空气预热器传热面积的限制，传热面积越大，金属耗量就越多，不但增加投资，而且将使预热器结构庞大，不便布置。

二次风速除了补充燃烧所需的空气外，还通过紊流扩散加强一、二次风的混合。二次风以较高的速度喷入，一般都大于一次风速，其最佳值取决于煤种和燃烧器形式。

六、煤粉气流的燃烬与强化

大部分煤粉都在燃烧区燃烬，只剩少量粗炭粒在燃烬区继续燃烧。燃烬区的燃烧条件较差，燃烧速度非常缓慢，燃烬过程所用时间很长。为了提高燃烧过程的完全程度，减少未完全燃烧热损失，强化燃烬过程是非常重要的。燃烬区的强化主要靠延长煤粉气流在炉内的停留时间来保证。具体措施如下。

(1)选择适当的炉膛容积和高度，保证煤粉在炉内的停留时间充裕。

(2)改善火焰在炉内的充满程度。火焰所占容积与炉膛的几何容积之比称为火焰充满程度。充满程度越高，炉膛有效容积越大，可燃物在炉内的实际停留时间越长。

(3)强化着火与燃烧区的燃烧，使着火与燃烧区火炬行程缩短，在一定炉膛容积内等于增加了燃烬区的行程，延长了煤粉在炉内的燃烧时间。

(4)选择合适的炉膛出口过量空气系数。空气系数过小会造成燃烬困难，过大会造成炉内温度低和热损失增加，所以应依据不同的燃料和燃烧设备选择最佳空气系数。

(5)保证煤粉细度，提高煤粉均匀度。煤粉越细，燃烧速度越快，煤粉完全燃烧所需的时间就越短。

第二节　煤粉燃烧器

煤粉燃烧器是燃煤锅炉燃烧设备的主要部件。它的主要任务是：

(1)输送煤粉和空气；

(2)组织煤粉和空气及时充分混合；

(3)保证燃料快速稳定着火，完全燃烧。

根据气体流动情况，将煤粉燃烧器分为直流煤粉燃烧器和旋流煤粉燃烧器。其中，出口气流为直流射流的燃烧器是直流煤粉燃烧器，出口气流包含有旋转射流的燃烧器是旋流煤粉燃烧器。

一、直流煤粉燃烧器

直流煤粉燃烧器的出口由一组矩形、圆形或多边形喷口组成。燃烧用空气和煤粉气流分别从不同喷口以直流射流的形式喷入炉膛。根据流过介质的不同，喷口可分为一次风口、二次风口和三次风口。直流煤粉燃烧器各层风的作用如下。

(1)一次风的作用。将煤粉送入炉膛，并供给煤粉初始着火阶段中挥发分燃烧所需的氧量。

(2)二次风的作用。二次风在煤粉气流着火后混入，供给煤中焦炭和残留挥发分燃烬所需的氧量，保证煤粉完全燃烧。

(3)三次风的作用。在中间储仓式制粉系统中，由于细粉分离器分离出来的乏气中带有约10%的细煤粉，当这部分乏气由单独的喷口回收送入炉膛内燃烧时，形成三次风。三次风含有少量煤粉，风速高，对煤粉燃烧过程有强烈的混合作用，并补充燃烬阶段所需要的氧气。三次风的特点是温度低、水分大、煤粉细。

1.直流煤粉燃烧器的布置及燃烧方式

直流煤粉燃烧器一般布置在炉膛四角上，如图4-1所示。由于四个角上的燃烧器的几何轴线与炉膛中央的一个假想圆相切，就形成了切圆燃烧方式。

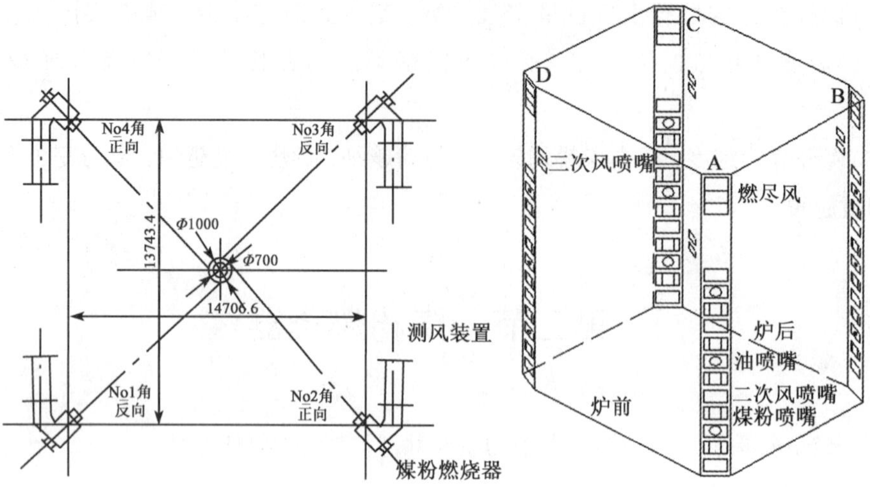

图 4-1　直流煤粉燃烧器四角布置图

所谓四角切圆燃烧就是煤粉气流在射出喷口时是直流射流，但当四股气流到达炉膛中心部位时，以切圆形式汇合，形成旋转燃烧火焰，同时在炉膛内形成一个自下而上的旋涡状气流，如图 4-2 所示。

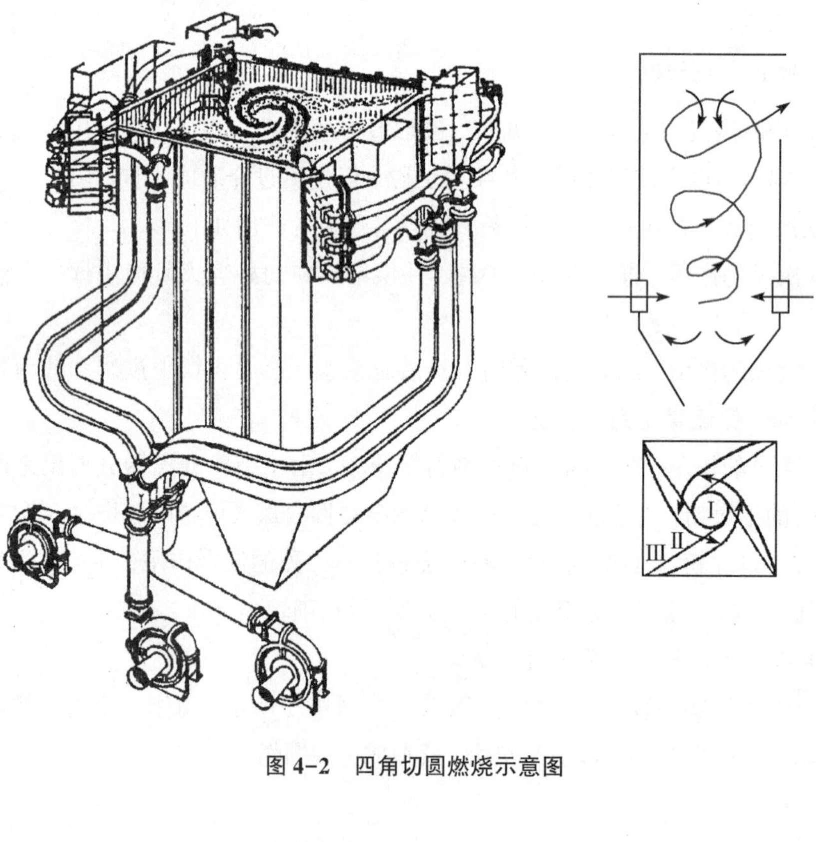

图 4-2　四角切圆燃烧示意图

切圆燃烧的炉内空气动力工况对煤粉的燃烧有很大的影响，主要体现在以下三方面。

(1)着火快。

(2)炉膛中心温度高，气流射程长，加强了煤粉气流、空气和烟气的混合，加速了煤粉气流的燃烧。

(3)气流旋转螺旋上升，加强了火焰在炉内的充满程度，同时也延长了可燃物在炉内的停留时间。

2.直流煤粉燃烧器的分类

根据煤种不同，直流煤粉燃烧器的一、二次风口有不同的排列方式，据此可将直流煤粉燃烧器分为两种，即均等配风直流煤粉燃烧器和分级配风直流煤粉燃烧器。

(1)均等配风直流煤粉燃烧器。均等配风方式是指一、二次风喷口相间布置或并排布置，即在两个一次风喷口之间布置一个或两个二次风喷口，或在每个一次风喷口的背火侧布置二次风喷口。

在均等配风方式中，由于一、二次风喷口间距较近，一、二次风自喷口流出后能很快混合，使煤粉气流着火后能及时获得空气而不致影响燃烧，故一般适用于挥发分含量较高的烟煤和褐煤，所以又叫烟煤-褐煤型直流燃烧器，如图 4-3(a)和图 4-3(b)所示。

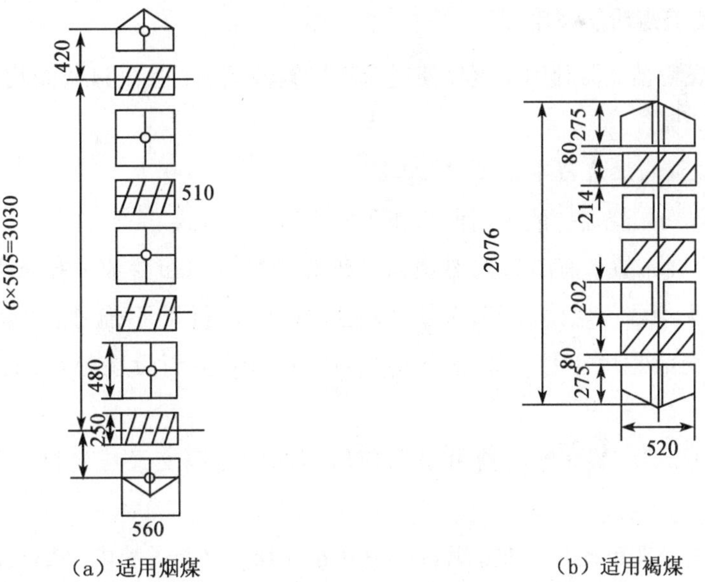

(a) 适用烟煤　　(b) 适用褐煤

图 4-3　均等配风直流煤粉燃烧器

(2)分级配风直流煤粉燃烧器。分级配风方式是指把燃烧用的二次风分级分阶段地送入煤粉气流中，即将一次风喷口较集中地布置在一起，二次风喷口分层布置，且一、二次风喷口之间保持较大的距离，便于控制一、二次风混合时间，使二次风不会过早过多地全部混入一次风中，而是根据燃烧需要分批送入，提高一次风着火的稳定性，为煤粉的完全燃烧和燃烬提供充足的氧气。这种燃烧器适用于挥发分含量较低的贫煤、无烟煤和劣质烟煤，所以又叫作无烟煤型直流燃烧器，如图 4-4 所示。

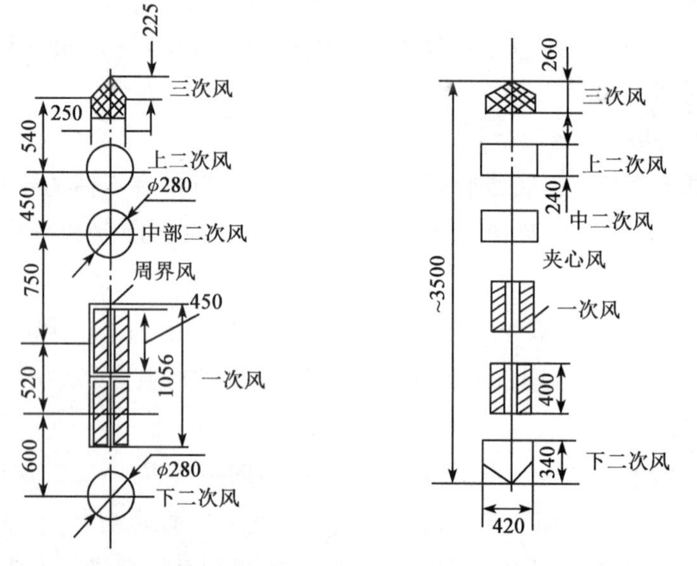

（a）适用无烟煤（采用周界风）　（b）适用无烟煤（采用夹心风）

图 4-4　分级配风直流煤粉燃烧器

二、旋流煤粉燃烧器

旋流煤粉燃烧器利用旋流器使气流产生旋转运动，其喷口截面均为圆形，故又称圆形煤粉燃烧器。

1.旋流煤粉燃烧器布置及炉内工况

旋流煤粉燃烧器一般采用前墙和两面墙的布置方式。

(1)前墙布置。前墙布置燃烧器沿炉膛高度方向布置成一排或几排，这样可以得到较长的火炬，各燃烧器煤粉均匀。但炉内气流扰动不强烈，燃烧后期混合较差，炉内火焰充满程度不佳，如果调节不当，火焰喷射到后墙容易结渣，如图 4-5(a)所示。

(2)两面墙布置。燃烧器可采用前后墙和两侧墙交叉或对冲布置，如图 4-5(b)所示。

两面墙交叉布置时，两方炽热火炬互相穿插，改善了炉内火焰充满程度；两面墙对冲布置时，两方火炬在炉室中央对撞，可加强煤粉和高温烟气的混合。旋流煤粉燃烧器两面墙布置如图 4-5(b)，图 4-5(b-1)和图 4-5(b-2)所示。

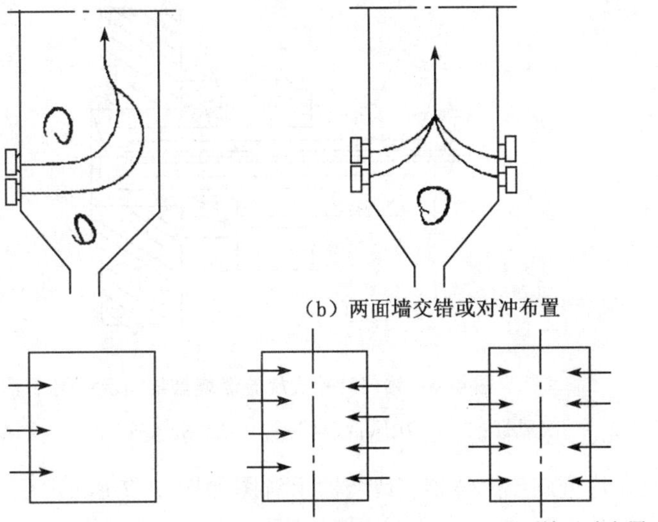

（b）两面墙交错或对冲布置

（a）前墙布置　（b-1）两面墙交错布置　（b-2）两面墙对冲布置

图 4-5　旋流煤粉燃烧器布置

2.旋流射流的特性

旋流燃烧器喷射出的气流是旋转运动的，既有向前运动的轴向速度和向四周扩散的径向速度，又有使射流旋转的切向速度。与直流射流相比，旋转射流有许多不同的特点。

(1)射流速度衰减快。切向速度比轴向速度的衰减要快，切向速度的衰减会造成气流旋转效应消失，混合较差；轴向速度的衰减造成气流的射程较短。

(2)具有内外两个回流区，卷吸周围介质的能力较强，依靠回流区稳定着火。旋转射流有强烈的卷吸作用，能将中心和外缘的气体带走，造成负压区，形成内外两个周界面，在射流中心产生负压，吸引高温烟气反向流到射流根部，形成内回流区，是煤粉气流着火的主要热源；射流外边界靠紊流扩散卷吸烟气，形成外回流区。

(3)旋转强度。随着旋转强度的增加，扩展角增大，回流区和回流量也随之增大，而射流衰减却加快，射程也变短；初期混合强烈，后期混合弱。

3.旋流燃烧器型式

旋流燃烧器是利用旋流器使气流产生旋转运动，常用的旋流器有蜗壳、切向叶片及轴向叶片三种型式。

(1)轴向叶轮式旋流燃烧器，其结构示意图如图 4-6 所示。该燃烧器一次风气流为直流或靠舌形挡板产生弱旋射流。二次风气流则通过叶片旋流器产生旋转。叶轮可在轴向移动，在运行中可通过调节叶轮的位置来改变二次风的旋转强度，从而达到调整燃烧的目的。目前这种燃烧器主要用于燃用烟煤和褐煤的大、中型锅炉上。

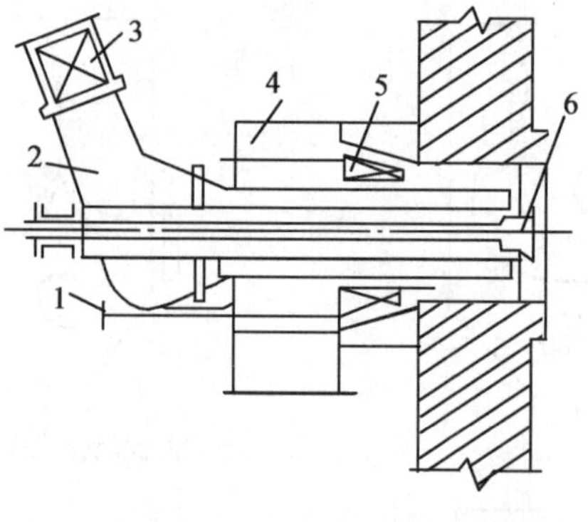

图 4-6　轴向叶轮式旋流燃烧器结构示意图

1—拉杆；2——一次风管；3——一次风舌形挡板；4—二次风管；5—二次风叶轮；6—油喷嘴

（2）切向叶片型旋流燃烧器，其结构示意图如图 4-7 所示。一次风气流为直流或弱旋射流，二次风通过切向叶片旋流器产生旋转。一般切向叶片做成可调式，改变叶片的倾斜角即可调节气流的旋转强度。

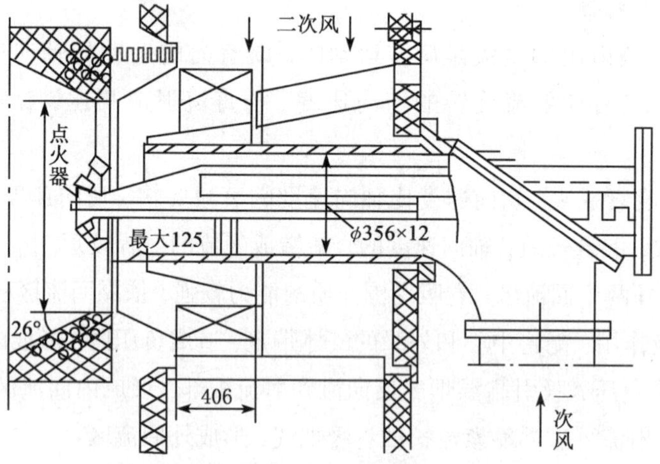

图 4-7　切向叶片型旋流燃烧器结构示意图

第三节　煤粉炉炉膛

煤粉炉是以煤粉为燃料进行燃烧的，供煤粉燃烧的地方就是炉膛，也称为燃烧室。

一、炉膛结构要求

煤粉炉的炉膛既要保证燃料的完全燃烧，又要合理组织炉内换热、布置适当的受热面以满足锅炉容量的要求，并使烟气到达炉膛出口时被冷却至使其后的对流受热面不结渣和安全工作所允许的温度。因此，炉膛的结构应当满足下列要求。

(1)炉膛要有足够的容积和高度以保证燃料在炉内的停留时间并完全燃烧。

(2)炉膛结构紧凑，金属及其他材料用量少。

(3)合理布置燃烧器，使燃料迅速着火；有良好的炉内空气动力场，使各壁面的热负荷均匀；既要使火焰在炉膛的充满度好、减少气流的死滞区，又要避免火焰冲墙、结渣。

(4)能够布置适当的蒸发受热面，满足锅炉容量的要求；炉膛出口烟气温度适当，以确保炉膛出口及之后受热面不结渣。

二、炉膛热负荷指标

炉膛的截面形状一般为矩形。炉膛的几何特性是宽度、深度和高度。这些几何特性是保证燃料完全燃烧的重要因素之一，它们会影响到炉膛热负荷，即燃料每小时输入炉膛的平均热量(炉膛热功率)。最常用的炉膛热负荷指标有容积热负荷和截面热负荷。

1.炉膛容积热负荷q_v

炉膛容积热负荷q_v是指单位时间送入炉膛单位容积的平均热量，以燃料收到基低位发热量计算，可以表示为

$$q_v = \frac{BQ_{ar,\ net}}{V_1} \tag{4-1}$$

式中，V_1——炉膛容积，m^3；

B——燃料消耗量，kg/h；

$Q_{ar,\ net}$——燃料收到基低位发热量，kJ/kg。

q_v值越大，炉膛容积越小，炉膛越紧凑，投资越小。但若q_v值过大，则单位炉膛容积在单位时间内的燃料量过大，炉内烟气流量增加，烟气流速加快，煤粉在炉内停留时间短，燃烧不完全。同时炉膛容积相对较小，布置足够的水冷壁有困难，不但难以满足锅炉容量的要求，而且会使燃烧区域及炉膛出口的烟气温度升高，从而导致炉内及炉膛出口后的对流受热面结渣。q_v值过小，则会使炉膛容积过大，不但造价高，而且会使炉内温度水平降低，燃烧不完全，着火也困难，甚至可能熄火。

2. 炉膛截面热负荷q_A

炉膛截面热负荷q_A是指热负荷按炉膛截面积计算，单位时间送入炉膛的平均热量，以燃料收到基低位发热量计算，可表示为

$$q_A = \frac{BQ_{ar,\ net}}{A_1} \tag{4-2}$$

式中，A_1——燃烧区域炉膛截面积，m^2。

如果q_A值过高，说明炉膛截面积小，炉膛横截面周界也小，炉膛呈瘦高形，燃料在燃烧区域放出的热量，周围没有足够的水冷壁受热面去吸收它，使温度过高。这样对着火有利，但却容易引起燃烧器附近受热面结渣。反之，如果q_A值过低，炉膛呈矮胖形，烟气不能充

分利用炉膛容积，在离开炉膛时还未得到充分的冷却，会使炉膛出口之后的受热面结渣；同时q_A值过低，燃烧器区域的温度降低，虽然不会结渣，但对着火是不利的。因此，必须选择合适的炉膛容积热负荷和截面热负荷。

三、固态排渣煤粉炉结渣

煤粉炉的结渣在固态排渣煤粉炉中，熔融的灰黏结并积聚在受热面或炉壁上的现象，称结渣或结焦。

1.结渣的过程和原因

（1）结渣的过程。在炉膛高温区域内，燃料中的灰分一般为液态或呈软化状态。随着烟气的流动，烟温会因水冷壁吸热而不断降低。当接触到受热面或炉墙时，如果烟中的灰粒已冷却到固体状态，就不会造成结渣；如果烟中的灰粒仍保持软化状态或熔化状态，就会黏结在壁面上，形成结渣。结渣通常发生在炉内和炉膛出口的受热面上。

（2）结渣的原因。形成结渣的主要原因是炉膛温度过高或灰熔点过低。

造成炉膛温度过高的原因有：炉腔设计的容积热强度过大或锅炉超负荷运行，使温度过高；火焰偏斜，使高温火焰靠近水冷壁；炉底漏风等使火焰中心上移，以致炉腔出口烟温增高，容易引起结渣。

造成灰熔点过低的原因有：炉内空气供应不足，燃料与空气混合不充分等都会在炉内产生较多的还原性气体，以致灰的熔点降低，引起或加剧结渣。

吹灰、除渣不及时也会加剧结渣，这是因为积灰、结渣的壁面粗糙，容易结渣，而且随着渣面温度的升高，结渣将越来越重。

2.结渣的危害

结渣会严重危害及影响锅炉运行的安全性和经济性，并造成以下不良后果。

（1）受热面上结渣时，会使传热减弱，工质吸热量减少，排烟温度升高，排烟热损失增加，锅炉效率降低。

（2）炉内结渣时，炉膛出口烟温升高，导致过热汽温升高，加上结渣不均匀造成的热偏差，很容易引起过热器超温损坏。此时，为了不使过热器超温，也需要限制锅炉蒸发量。

（3）受热面结渣时，为了保持蒸发量，就必须增加风量。如果通风设备容量有限，加上结渣容易使烟气通道局部堵住，导致风量增加不上去，锅炉只好降低蒸发量运行。

（4）水冷壁结渣，会使自身各部分受热不均，以致膨胀不均或水循环不良，引起水冷壁管损坏。

（5）炉膛上部结渣掉落时，可能会砸坏冷灰斗的水冷壁管。

（6）燃烧器喷口结渣，会使炉内空气动力工况受到破坏，从而影响燃烧过程的进行，喷口结渣严重而堵住时，锅炉只好降低蒸发量运行，甚至停炉。

(7)冷灰斗处结渣严重时，会使冷灰斗出口逐渐被堵住，导致锅炉无法继续运行。

总之，结渣不但严重危及锅炉安全运行，还可能使锅炉降低蒸发量运行，甚至停炉，从而增加了锅炉运行和检修的工作量。因此，应尽最大努力来减轻和防止锅炉结渣。

3.防止结渣的措施

防止结渣主要从防止炉温过高和防止灰熔点降低着手。主要措施有以下几点。

(1)防止壁面及受热面附近温度过高。炉膛容积热强度、炉膛断面热强度要设计合理；要避免锅炉超负荷运行，控制炉内温度水平，防止结渣；堵塞炉底漏风处，降低炉膛负压，不使漏入空气量过大；直流燃烧器尽量利用下排燃烧器，旋流燃烧器适当加强二次风旋流强度等都能防止火焰中心上移，以免炉膛出口结渣。

(2)防止炉内生成过多还原性气体。保持合适的空气动力场，不使空气量过小，能使炉内还原性气体减少，防止结渣。

(3)加强运行监视，及时吹灰除渣。运行中应根据仪表指示和实际观察来判断是否有结渣。一旦发现结渣，应及时清除。此外，吹灰器也可对受热面进行定期吹灰。

(4)做好燃料管理，制造出细度和均匀度等合格的煤粉。尽量避免燃料多变，清除煤中的石块，均可使炉膛结渣的可能性减小，也可防止因煤粉落入冷灰斗又燃烧而形成结渣。

第五章 汽水系统

【知识目标】

(1)掌握自然循环锅炉的工作原理以及蒸发设备的组成及作用。

(2)了解省煤器的作用和种类;掌握省煤器的结构和工作原理。

(3)掌握过热器的作用、结构及工作过程。

(4)掌握再热器的作用、结构及工作过程。

【能力目标】

(1)能熟练正确地叙述自然循环锅炉的工作原理;能正确认识汽包锅炉蒸发设备的组成及各部件的作用。

(2)能正确说明省煤器的作用、基本类型、结构特点及工作过程。

(3)能正确说明汽包、水冷壁等设备的作用、结构及工作过程。

(4)能清楚说明采用过热器和再热器的意义,以及过热器和再热器的类型及布置位置;能正确叙述过热器和再热器的作用、工作和结构特点。

第一节 自然循环锅炉的工作原理与系统组成

按工质在蒸发受热面中的流动方式,可将锅炉分为自然循环锅炉和强制流动锅炉两大类。自然循环锅炉蒸发受热面内工质流动是靠下降管中的水和水冷壁中的汽水混合物的密度差推动的;强制流动锅炉蒸发受热面内工质流动主要是借助水泵的压头推动的。强制流动锅炉有直流锅炉、控制循环锅炉和复合循环锅炉三种类型。

一、自然循环锅炉的工作原理

炉膛四周的水冷壁吸收炉膛内火焰和烟气的辐射热,会使水冷壁内的水蒸发形成汽水混合物;而下降管中的水的密度大于水冷壁中的汽水混合物的密度,在下联箱两侧就会因工质的密度差产生重位差,此压差将推动工质在水冷壁中向上流动,在下降管中向下流动,因此形成自然循环。

二、自然循环锅炉的系统组成

自然循环锅炉系统主要包括汽包、下降管、联箱、水冷壁及连接管道等。其中汽包、下降管、联箱等部件布置在炉外不受热，水冷壁布置在炉内，接受火焰和烟气的辐射热。

自然循环锅炉的工作流程示意图如图 5-1 所示。从省煤器来的给水先进入汽包，经下降管、下联箱输送到水冷壁，水在水冷壁内吸收高温烟气的热量，部分水蒸发并形成汽水混合物，进入上联箱汇合后，经引出管回到汽包进行汽水分离。分离出来的饱和蒸汽从饱和蒸汽引出管送到过热器，分离下来的水则进入下降管再次循环。这样由汽包、下降管、水冷壁、联箱及连接管道所组成的闭合回路，称为循环回路。

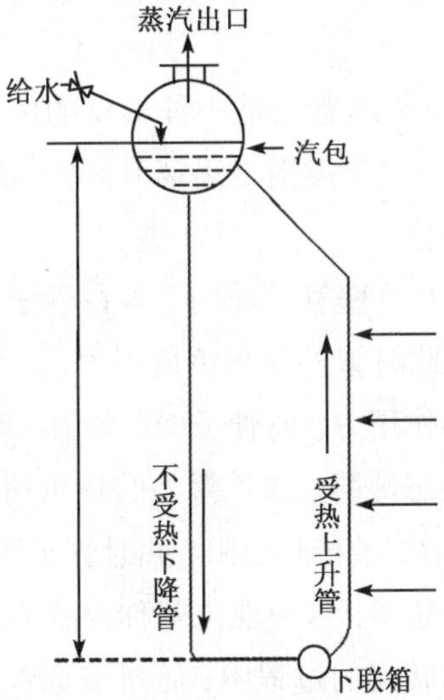

图 5-1　自然循环锅炉的工作流程示意图

三、自然循环锅炉常见故障及应对措施

自然循环锅炉在实际运行中，可能会发生一些使循环不正常或不安全的情况，常见的故障有循环停滞和倒流、水冷壁的沸腾传热恶化等。

1.循环停滞和倒流

并列水冷壁管的受热不均匀是造成循环停滞和倒流的主要原因。

(1)循环停滞和倒流现象。当并列工作的水冷壁管受热不均匀时，受热弱的管子产汽量少，导致汽水混合物的密度大，因此水冷壁和下降管内工质的密度差就会减小，运动压头下降，循环推动力也就减小，因而管内的工质流速降低。当管子受热少到一定程度，工质流速接近或等于零时称为循环停滞。这时，管内工质几乎不流动，热量的传递主要依靠导热。虽然管子热负荷较低，但因热量不能被及时带走，管壁仍可能超温。此外，由于停滞管的不断蒸发而进水量很少，长期停滞时锅水含盐浓度增大，将造成管壁结垢和腐蚀。

水冷壁受热不均，各水冷壁管工质的重力压头不一样，就会使具有上下联箱的并列水冷壁管中受热最弱的管子里发生循环倒流，使原来工质向上流动的水冷壁管变成工质自上而下流动的受热下降管(这类管子被称为倒流管)，这种现象称循环倒流。倒流一般没有危害，只有当蒸汽向上的速度与倒流水速相近时，会使汽泡集聚、长大，形成汽塞。汽塞处的管壁可能造成管子过热或疲劳损坏。

(2) 循环停滞和倒流的应对措施。减小并列水冷壁管的受热不均匀和流动阻力，可有效地防止循环停滞和倒流。为此，电厂锅炉在结构和布置上应采取如下措施。

①减小并列水冷壁管受热不均的情况，具体包括：按受热情况划分循环回路，改善炉角边管的受热情况，采用平炉顶结构，等等。

②降低循环回路的流动阻力，采用大直径集中下降管等。

2.水冷壁的沸腾传热恶化

(1)沸腾传热恶化现象。沸腾传热恶化是一种不良的传热现象，主要表现是管壁对沸腾工质的放热系数急剧下降，管壁温度随之迅速升高。沸腾传热恶化可分为第一类沸腾传热恶化和第二类沸腾传热恶化。

①第一类沸腾传热恶化。当水冷壁管受热时，水在管子内壁面上开始蒸发，形成许多小汽泡，分散在液流中。如果此时管外的热负荷不大，小汽泡可以及时地被管子中心水流带走，并受到“趋中效应”的作用力，向管子中心转移，而管中心的水不断地向壁内补充，这时的管内沸腾被称为核态沸腾。如果管外的热负荷很高，汽泡就会在管子内壁面上聚集起来，产生一层汽膜，增加了传热热阻，此时管子壁面与管中的水换热差，就会导致管壁热量不能被及时带走而超温，这种现象就称为膜态沸腾，也称为第一类传热恶化。由核态沸腾向膜态沸腾开始转变的过程中，管子壁面部分被汽膜覆盖，部分仍处于汽泡沸腾，这种现象被称为过渡沸腾。

②第二类沸腾传热恶化。因水冷壁质量含汽率较高，使管子内的水膜被蒸干，也可能被速度较高的气流撕破，管壁得不到水冷却，其放热系数明显下降，这种现象就是第二类沸腾传热恶化。对自然循环锅炉的水冷壁，在正常运行状态下不出现“蒸干”导致的传热恶化。在非正常运行状态下一旦出现第二类传热恶化，虽然开始时壁温并不太高，但含盐量较高的锅水水滴润湿管壁时，盐分沉积在管壁上，也会造成传热恶化。

(2)沸腾传热恶化的应对措施。防止沸腾传热恶化的途径主要有两方面：一是防止沸腾传热恶化的发生；二是把沸腾传热恶化发生位置推移至热负荷较低处，使其管壁温度不超过许用值。一般采取的措施有以下几点。

①降低受热面的局部热负荷，可使传热恶化区管壁温度下降。

②保证较高的质量流速。提高质量流速，可以大幅度地降低传热恶化时的管壁温度，还可提高临界含汽率，使传热恶化的位置向低热负荷区移动或移出水冷壁工作范围而不发生传热恶化。

③采用特殊的水冷壁管内结构措施。可以采用扰流子管、内螺纹管等，使流体在管

内产生旋转扰动，增加边界层的水量，以增大临界含汽率，使传热恶化位置向后推移。

第二节　蒸发设备

蒸发设备是锅炉的重要组成部分，其作用是吸收炉膛内火焰和烟气的辐射热，使水蒸发变成饱和蒸汽。

一、汽包

汽包又称锅筒，是锅炉的重要部件之一。

1.汽包的结构

汽包是由钢板焊接而成的长圆筒形容器，由筒体和两端的封头组成。汽包两端的封头焊接在筒体上。在封头中部上开有椭圆形或圆形人孔。筒体上有很多管孔，并焊上短管，称管座，用以连接各种管子，汽包结构示意图如图 5-2 所示。

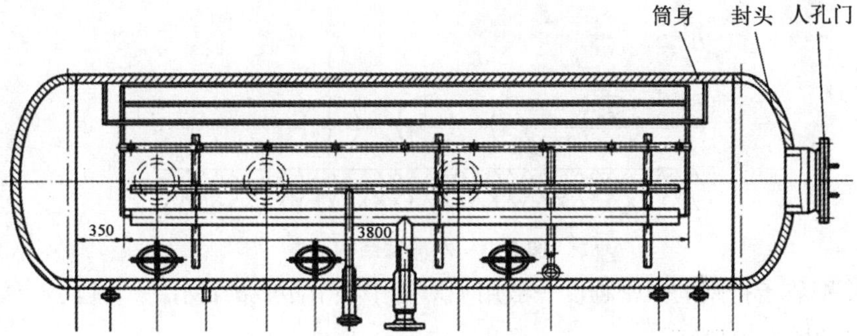

图 5-2　汽包结构示意图

2.汽包的作用

汽包是锅炉最重要的受压元件，其作用主要有以下四点。

(1)汽包是工质加热、蒸发与过热三个过程的连接枢纽。它接受锅炉给水，同时向蒸汽过热器输送饱和蒸汽，连接上升管和下降管构成循环回路。

(2)汽包增加了锅炉的蓄热量。锅炉蓄热量的变化是依靠汽压的变化来实现的。汽包中储存一定量的饱和水，具有一定的蒸发能力，储存的水量越多，适应负荷变化的能力就越大。

(3)汽包内装有各种净化装置，如汽水分离装置、蒸汽清洗装置、排污及加药装置等，从而改善了蒸汽品质。

(4)汽包上装有压力表、水位计和安全门等附件，保证锅炉安全工作。

二、水冷壁

水冷壁一般布置在炉膛内壁四周，它由连续排列的管子组成，若干根并列的管子与其进、出口联箱构成一个水冷壁管屏，而由若干组水冷壁管屏并列围成的立体空间便是炉膛。

1.水冷壁的作用

水冷壁是锅炉蒸发设备中唯一的受热面，其主要作用如下。

(1)吸收辐射热。水冷壁内的工质吸收炉膛内烟气的辐射热量，使部分水蒸发成饱和蒸汽。

(2)保护炉墙。冷却炉墙使其温度下降，便于采用轻型炉墙。

(3)降低炉膛附近和炉膛出口的烟气温度，使炉膛出口烟温冷却到灰的软化温度以下，防止结焦。

2.水冷壁的分类

水冷壁可分为光管水冷壁和膜式水冷壁两种类型。

(1)光管水冷壁。它是用外形光滑的管子连续排列而成的。光管水冷壁的结构要素有管子外径 d，管壁厚度 δ，管中心节距 s，管中心与炉墙内表面之间的距离 e，如图 5-3 所示。

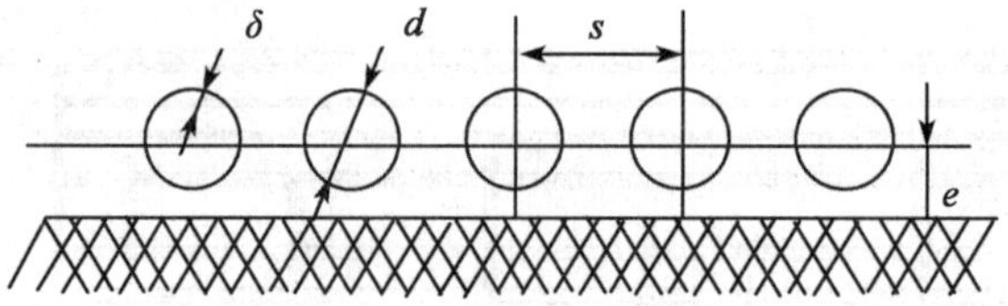

图 5-3　水冷壁结构要素

水冷壁管子排列的紧密程度一般用相对管中心节距 s/d 表示。s/d 越小，管子排列越紧密，对炉墙保护越好。

现代大型锅炉光管水冷壁的结构特点有以下两点。

①水冷壁管紧密排列，其 $s/d=1.00\sim1.10$。

②广泛采用敷管式炉墙，即水冷壁管一半埋入炉墙至管中心线与炉墙内表面重合($e=0$)，并使 $s/d=1.05$。这种结构炉墙温度低，可做成薄而轻的炉墙，并能简化水冷壁炉墙悬吊结构，如图 5-4 所示。

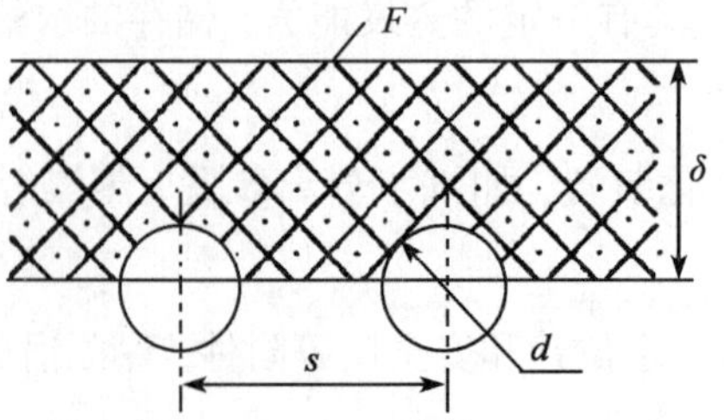

图 5-4　敷管式炉墙结构示意图

(2)膜式水冷壁。它由鳍片管连接而成，如图5-5所示。它主要有两种类型：一种是在光管之间焊接扁钢制成，称焊接鳍片管，如图5-5(a)所示，这种水冷壁工艺简单，但焊接量较大；一种是由轧制的鳍片管拼焊制成，称轧制鳍片管，如图5-5(b)所示，这种水冷壁热应力小，但工艺复杂，成本较高。

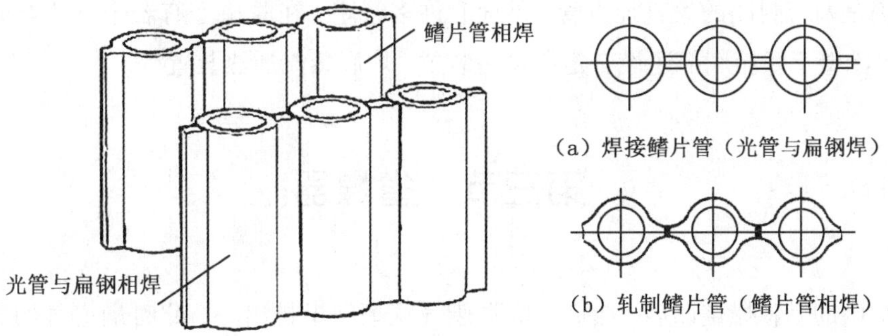

图5-5　膜式水冷壁

现代大型锅炉广泛采用膜式水冷壁，其优点是：

①炉膛气密性良好，漏风小；

②全部面积吸收炉膛辐射热，节省金属材料；

③对炉墙的保护最彻底，使炉墙厚度减轻，简化了炉墙的悬吊结构；

④能承受较大的侧向力，增加了抗爆能力；

⑤安装工作量减小。

膜式水冷壁的缺点是：制造、检修工艺复杂；运行中为防止管间产生过大的热引力，一般相邻管间温差不大于50 ℃。

三、下降管

下降管布置在炉外，不受热。

1.下降管的作用

下降管的作用是把汽包内的水连续不断地通过下联箱供给水冷壁，保证水冷壁中有连续流动的工质，确保水冷壁的安全运行，同时维持正常的水循环。

2.下降管的类型

下降管上接汽包，垂直引至炉底。下降管分为小直径分散型下降管和大直径集中型下降管。小直径分散型下降管直接与各下联箱连接。大直径下降管通过小直径分配支管引出接至各下联箱，以达到均匀向水冷壁配水的目的。

现代大型锅炉都采用大直径集中下降管，一般采用四至六根大直径集中型下降管，以减少下降管的流动阻力，利于自然循环，并节约钢材，简化布置。

四、联箱

联箱一般布置在炉外，不受热。

1.联箱的作用

联箱的作用是将进入其中的工质集中混合并均匀分配出去，简单地说就是汇集、混合、分配。

2.联箱的结构

联箱是两端封闭的大直径直管，外面有许多管座，在联箱上有若干管头与管子焊接相连。水冷壁下联箱底部还设有定期排污装置、炉底蒸汽加热装置等。

第三节　省煤器

锅炉内的燃料燃烧以后，会产生高温废气从烟囱里排出去，此时烟道气的温度还很高，就让它在离开锅炉的燃烧室，进入烟囱之前流过一个换热器，利用它的余热把换热器内流过的水加热，此水随即进入锅炉进一步被炉膛内的炉火加热成蒸汽。因为此水进入锅炉前被烟道气体初步加热了，起到节约煤炭的作用，所以将该换热器称为省煤器。

概括来讲，省煤器就是利用锅炉尾部烟道中烟气的热量来加热锅炉给水的一种热交换器，一般布置在对流烟道内。

一、省煤器的作用

1.节省燃料

锅炉中燃料燃烧的高温烟气，将热量传给水冷壁、过热器和再热器后，烟气温度还很高，如不利用，将造成很大的热损失。因此，在锅炉尾部装设省煤器，可降低烟气温度，减少排烟热损失，节省燃料。

2.改善汽包的工作环境

采用省煤器可以提高进入汽包的给水温度，减少汽包壁和给水间的温差引起的热应力，改善了工作环境。

3.降低锅炉造价

由于水的加热是在省煤器中进行的，用省煤器这样的低温材料代替价格昂贵的高温材料可降低锅炉造价。

二、省煤器的类型

1.按照省煤器出口工质水温分

按照出口工质水温，可将省煤器分为非沸腾式省煤器和沸腾式省煤器两类。若省煤器出口水温低于该压力下的饱和温度，至少低于饱和温度 30 ℃，则称为非沸腾式省煤器。现代高压及以上锅炉均采用非沸腾式省煤器。若省煤器出口水温达饱和温度，并有部分水蒸气汽化，汽化水量不大于给水量的 20%，则称为沸腾式省煤器。中低压锅炉多采用沸腾式省煤器。

2.按省煤器所用材料分

按照所用材料不同，可将省煤器分为铸铁管式省煤器和钢管式省煤器两类。

(1)铸铁管式省煤器。小容量的中低压锅炉使用最普遍的是铸铁式省煤器，其有以下特点。

①耐腐蚀，耐磨损。

②铸铁脆，承受冲击能力差，因而只能用作非沸腾式省煤器。

③体积和重量大。

④易积灰和堵灰。

(2)钢管式省煤器。目前电厂大型锅炉广泛采用钢管式省煤器，其有以下特点。

①强度高，能承受冲击。

②工作可靠，传热性能好。

③重量轻，体积小，价格低廉。

④钢管耐腐蚀性差，但现代锅炉给水都经严格处理，管内腐蚀问题已解决。

三、钢管式省煤器的结构和工作原理

1.钢管式省煤器的结构

钢管式省煤器的结构如图 5-6 所示。它由许多并列的蛇形管和进、出口联箱组成。多用焊接的方法将蛇形管与联箱连接在一起。蛇形管一般用管径为 28~51 mm，壁厚为 3~5 mm 的无缝钢管弯制而成。

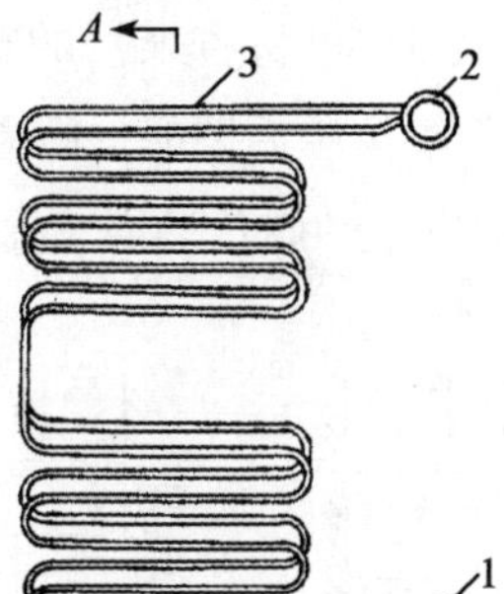

图 5-6 钢管式省煤器的结构

1—进口联箱；2—出口联箱；3—蛇形管

钢管省煤器一般采用光管，有时为了增强传热并提高结构的紧凑性，也在管外加鳍片和肋片，如图 5-7 所示。

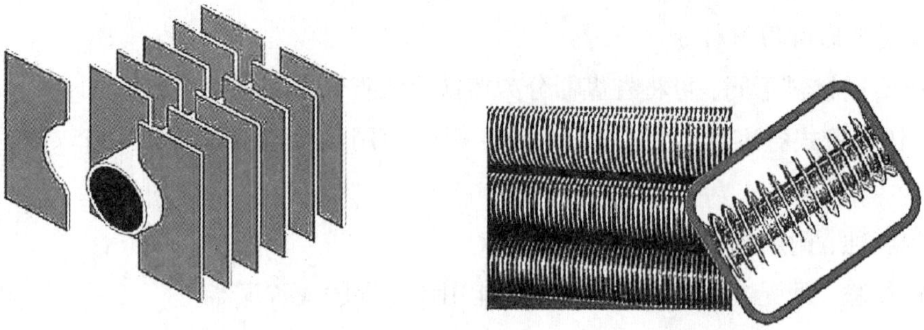

（a）鳍片管省煤器　（b）肋片管省煤器

图 5-7　钢管省煤器

在金属用量、通风电耗相同的情况下，鳍片管省煤器的体积要比光管受热面的体积小 30%~50%，且传热量有所增加。

肋片管省煤器是用带横向肋片(环状或螺旋状)的管子制成。其优点是增大了热交换面积，因此同等条件下它的体积要比光管省煤器的体积小，节约了金属。其缺点就是积灰较严重，且不易清除。

2.钢管式省煤器的工作原理

一方面，它利用水在蛇形管内自下而上的流动排除空气，从而避免氧腐蚀。另一方面，烟气在管外自上而下横向冲刷管壁，有助于吹灰，还使烟气与水呈逆向流动，从而增大传热温差，进而提高烟气与给水之间的热量交换。

3.省煤器的布置

按照蛇形管在烟道中的放置方向,可将省煤器的布置方式划分为横向布置和纵向布置两种。当蛇形管的放置方向平行于炉膛后墙时，称为横向布置，如图 5-8(a)和图 5-8(b)所示；当蛇形管的放置方向垂直于炉膛后墙时，称为纵向布置，如图 5-8(c)所示。

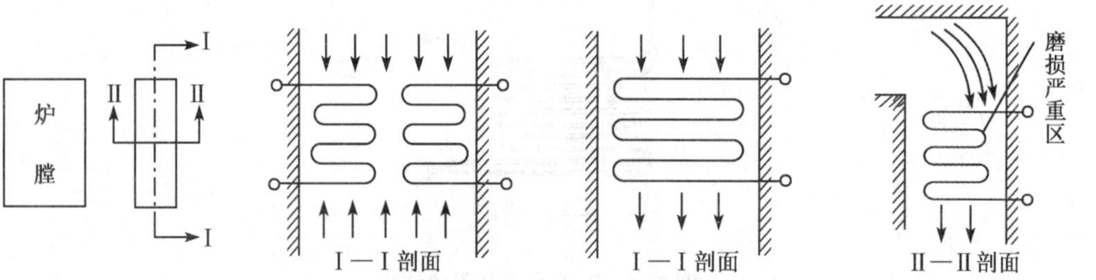

（a）横向布置（蛇形管平行于炉膛后墙）　（b）横向布置（蛇形管平行于炉膛后墙）　（c）纵向布置（蛇形管垂直于炉膛后墙）

图 5-8　省煤器蛇形管在烟道中的布置方式

采用横向布置，平行工作的管子少，水的流速高，流动阻力大。但磨损较轻，便于维修和防护。

采用纵向布置，管子较短，平行工作的管子多，支吊简单，水的流速较低，流动阻力小。但所有管子都要穿过烟道后墙，吹灰较困难，局部磨损检修工作量大。

4.省煤器的出水管与汽包的连接

(1)省煤器的出水管与汽包的连接存在的安全隐患。省煤器的出水温度可能低于汽包中的饱和温度，在锅炉工况变动时，省煤器出口水温可能发生剧烈变化，会导致在引出管与汽包连接处产生因温度差引起的热应力，致汽包壁产生裂纹，危及汽包安全。

(2)排除隐患采取的措施。在省煤器引出管与汽包连接处加装套管，可使水管壁与汽包壁之间相隔离，从而改善汽包的工作条件。

四、省煤器的启动保护

1. 省煤器启动保护的原因

锅炉启动时，即从锅炉点火到送出蒸汽这段时间内，常常是间断给水。当停止给水时，省煤器中的水处于不流动状态，水不流动会使管壁冷却能力变差，加之高温烟气的不断加热，会导致管壁超温而损坏，因此锅炉启动时应该对省煤器进行保护。

2.省煤器启动保护的方法

省煤器启动保护的方法有三种：一是在省煤器进口与汽包下部之间装设不受热的再循环管；二是在省煤器出口与除氧器间装一根带阀门的再循环管；三是采用不间断的连续小流量进水，这种方法主要应用在现代大容量锅炉启动过程中。下面对前两个方法进行详细讲解。

(1)在省煤器进口与汽包下部之间装设不受热的再循环管。如图 5-9 所示，在省煤器进口与汽包下部之间装设不受热的再循环管，使汽包、再循环管、省煤器和汽包间形成自然循环。正常运行时，则应关闭再循环阀，避免给水由再循环管短路进入汽包，省煤器因失水得不到冷却而烧坏。

存在问题：循环压头低，不易建立良好的流动状况。

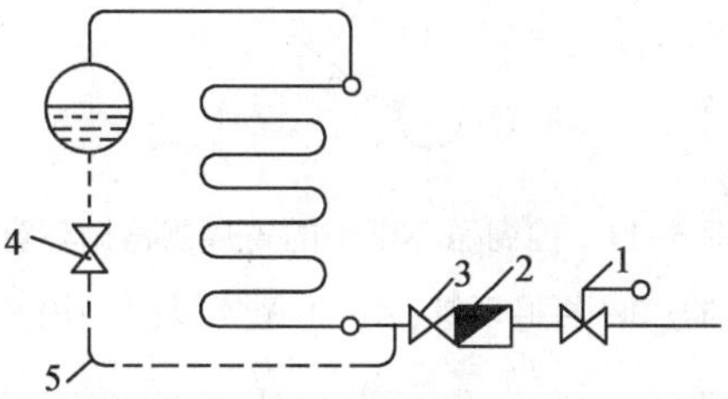

图 5-9　省煤器进口与汽包下部之间装设不受热的再循环管

1—自动调节阀；2—逆止阀；3—进口阀；4—再循环阀；5—再循环管

①自然循环锅炉的省煤器再循环管。如图 5-10 所示，锅炉需要上水时，应先关闭再循环阀，再打开进水阀向锅炉进水。否则，给水将由再循环管路进入下降管或锅筒，破坏正常的水循环，造成水冷壁事故。同时，省煤器也可能由于失水得不到正常冷却。

上水完毕，应先关闭进水阀后才能打开再循环阀。当锅炉进入连续进水后，再循环阀关闭，再循环管工作结束。

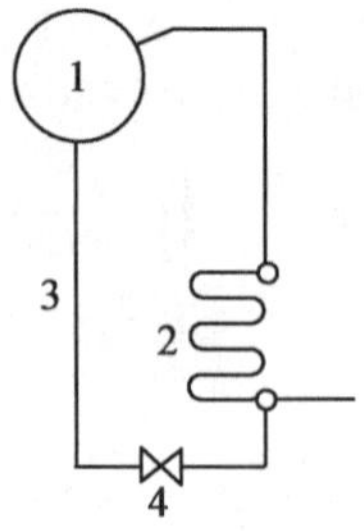

图 5-10 自然循环锅炉的省煤器再循环管

1—锅筒；2—省煤器；3—再循环管；4—再循环阀

②控制循环锅炉的省煤器再循环管。如图 5-11 所示，当锅炉停止进水，进水阀关闭后，打开再循环阀。这种再循环系统中，由于受到再循环泵压力和汽水密度差产生的循环推动力两种力的作用，省煤器管中水流速比较高。

当停止向锅炉进水时，应先关闭进水阀，再打开再循环阀。否则，给水将进入下降管系统，破坏水冷壁正常的水循环。若给水进入再循环泵，将对水泵造成损坏，而且省煤器也可能因无水而烧坏。

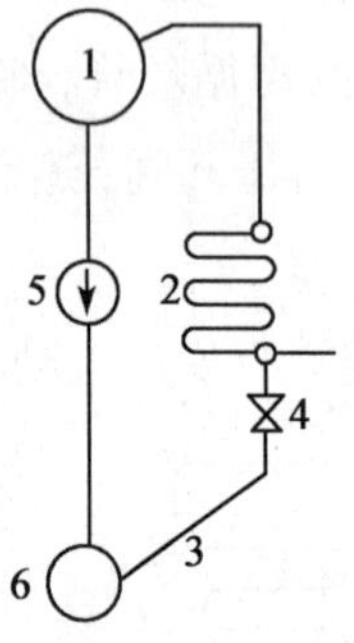

图 5-11 控制循环锅炉的省煤器再循环管

1—锅筒；2—省煤器；3—再循环管；4—再循环阀；5—锅水循环泵；6—水包

(2) 在省煤器出口与除氧器间装一根带阀门的再循环管。如图 5-12 所示，当汽包不进水时，用阀门切换，使流经省煤器的水回到除氧器，这样在启动过程中可保持省煤器不断进水，达到启动过程中保护省煤器的目的。

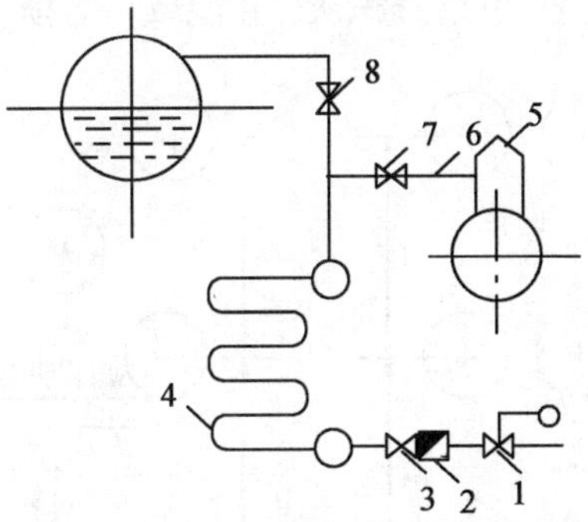

图 5-12　省煤器出口与除氧器间装一根带阀门的再循环管

1—自动调节阀；2—逆止阀；3—进口阀；4—再循环门；

5—除氧器；6—再循环管；7—再循环门；8—出口阀

铸铁式省煤器因为不耐水击，不允许产生蒸汽，故不能采用设置再循环管的方法来解决点火过程中省煤器的冷却问题。安装铸铁式省煤器的锅炉通常设置旁路烟道来解决省煤器在点火过程中的冷却问题。

第四节　过热器

过热器由联箱和多根管子构成，蒸汽在管内流动，烟气在管外流动。其作用是把饱和蒸汽加热成为具有一定过热度的过热蒸汽。

一、过热器的分类

按照传热方式的不同，可将过热器分为对流式过热器、半辐射式过热器与辐射式过热器三种。

1.对流式过热器

对流式过热器布置在锅炉对流烟道中，主要以对流传热方式吸收烟气热量，它一般由进、出口联箱连接许多并列蛇形管构成。

根据管组的放置方向，对流式过热器有立式与卧式两种布置形式。立式过热器的每根管子都与水平面垂直，其支吊比较方便，但停炉时管内积水寄存在弯头处，不易排出，升火时由于通汽不畅易使管子过热。卧式过热器的每根管子都和水平面平行，其疏水排汽比较方便，但支吊结构比较复杂。水平烟道中的过热器适合采用立式布置，尾部烟道的受热面适合采用卧式布置。

对流式过热器的管子有顺列和错列两种排列方式，如图 5-13 所示。在烟气流速与管子排列特性等一样的情况下，错列布置比顺列布置的传热系数大，但错列布置管束比顺列布置管束的吹灰通道小，外表积灰不容易吹扫干净。目前，大型锅炉的对流管束全部采用顺列布置，以便于支吊，避免结渣积灰，并能减轻磨损。

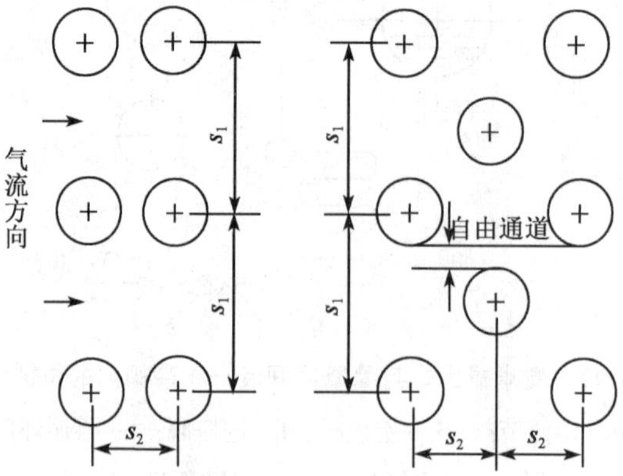

（a）顺列　　（b）错列

图 5-13　顺列与错列管束

过热器横向节距是指沿烟道宽度方向相邻管子中心线之间的距离。纵向节距是指沿烟气流动方向相邻管子中心线之间的距离。

当烟道宽度一定时，横向节距选定，过热器并联的蛇形管根数不变。若蒸汽的质量流速不在范围内，则可以改变重叠的管圈数进行调节。根据锅炉容量的不同，可以做成单管圈、双管圈和多管圈，如图 5-14 所示。

根据烟气与管内蒸汽的相互流向，对流式过热器的流向又可分为逆流、顺流和混合流三种基本流动方式，如图 5-15 所示。逆流布置传热温差大，传热效果好，节省金属消耗，但蒸汽的高温段与烟气的高温区域重叠，管壁金属温度高，工作条件最差。顺流布置则正好相反。混合流布置的过热器，综合了逆流与顺流布置的优点。其蒸汽的低温段采用逆流布置，高温段采用顺流布置，既保证了管壁的安全工作，又可获得较大的传热温差。

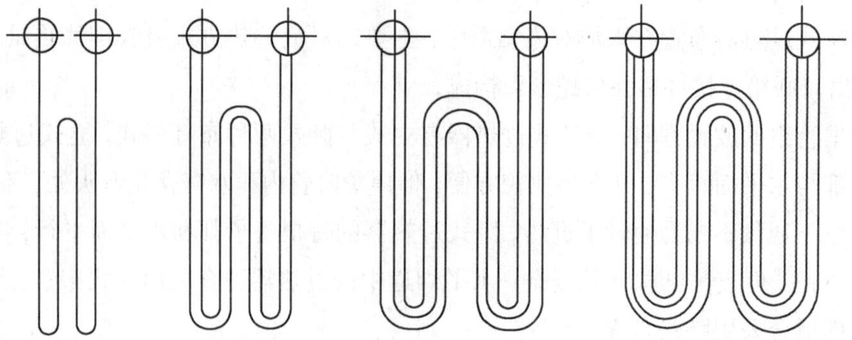

（a）单管圈　　（b）双管圈　　（c）三管圈　　（d）四管圈

图 5-14　蛇形管的管圈数

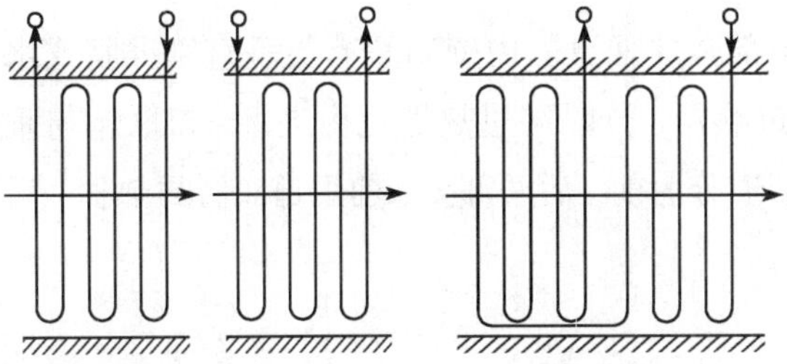

（a）逆流　（b）顺流　（c）混合流

图 5-15　对流过热器和再热器工质流动方式

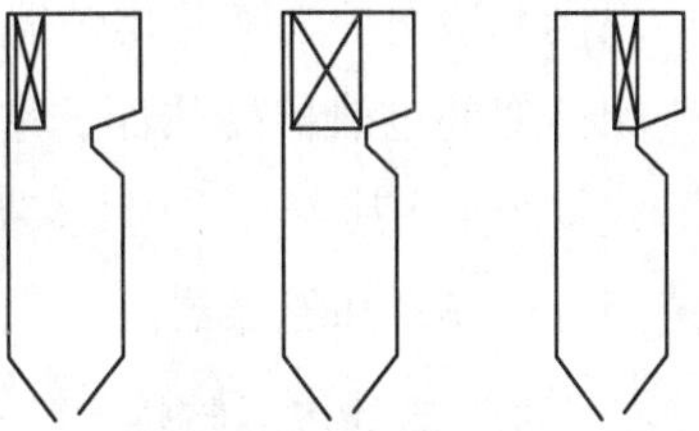

（a）前屏　（b）大屏　（c）后屏

图 5-16　屏式过热器示意图

2.半辐射式过热器

既接受炉膛火焰的辐射热，又吸收烟气对流热的过热器称为半辐射式过热器。它一般布置在炉膛出口处，所以又称为后屏式过热器，如图 5-16(c)所示。后屏式过热器的横向节距比前屏式过热器的要小很多。

3.辐射式过热器

在炉膛内，以吸收炉膛辐射热为主的过热器称为辐射式过热器。辐射式过热器多布置在炉内热负荷较低的炉膛上部，如顶棚过热器中的炉顶管和挂在炉膛前上方的前屏式过热器，如图 5-16(a)所示。

前屏式过热器布置在炉膛前上方，是由几片挂屏沿炉宽方向排列而成，每片屏都由进、出口联箱与几根并列 U 形管组成，如图 5-17 所示。分隔屏的主要作用是沿炉宽方向分隔烟道，因此它的横向节距非常大，以便使从炉膛上来的烟气在向水平烟道后方流动时，流速沿锅炉宽度方向更均匀一些，从而减小两侧烟温差。

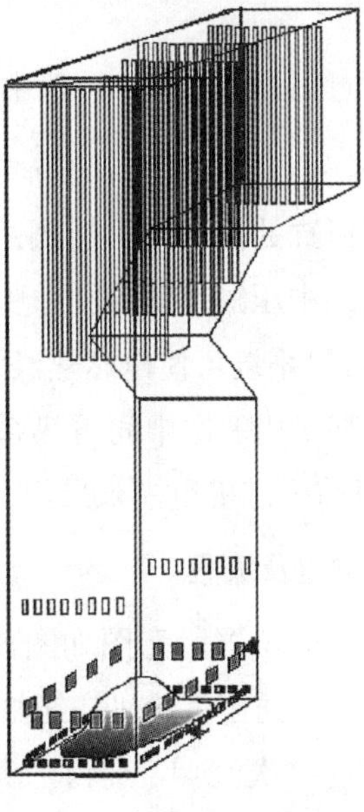

图 5-17　前屏式过热器示意图

4.包墙管过热器及分隔墙过热器

现代大型锅炉为了简化炉墙结构，在尾部竖井烟道的内壁布置有与垂直管屏膜式水冷壁相类似的过热器受热面，称为包墙管过热器。分隔墙过热器也由进、出口联箱与垂直膜式壁组成，其主要作用是将尾部竖井烟道分为前、后两部分，前烟道布置再热器，后烟道布置过热器和省煤器。

二、过热器的汽温特性

由于过热器的传热方式不同，因此当锅炉负荷变化时，其出口温度的变化规律是不同的。过热器出口蒸汽温度随锅炉负荷变化的关系，称为汽温特性。

辐射式过热器的吸热量取决于炉膛烟气的平均温度。当锅炉负荷增加时，辐射过热器中蒸汽流量按比例增大，而炉膛火焰的平均温度却增加不多。辐射传热量的增加小于蒸汽流量的增加，因此每千克蒸汽获得的热量减少，即蒸汽焓增减少。因此，随着锅炉负荷增加，辐射过热器的出口汽温下降。

锅炉负荷增加时，由于燃料消耗量增大，烟气量和烟温也随着增加，因而传热系数与传热温差同时增大，使对流传热量的增加超过蒸汽流量的增加，对流式过热器中蒸汽焓增增大。因此，随着锅炉负荷的增加，对流式过热器出口汽温升高。对流式过热器进口烟温越低，即离炉膛越远，辐射传热的影响越小，汽温随负荷增加而升高的幅度越大。半辐射式过热器则介于辐射式过热器与对流式过热器之间，汽温变化特性比较平稳，但仍具有一定的对流特性。

第五节　再热器

对流式再热器的基本结构与过热器相类似，一般由蛇形管和联箱组成。

一、再热器的作用

再热器的作用是将汽轮机高压缸的排汽再次加热，使之加热到与过热蒸汽温度相等(或相近)的再热温度，然后再送到中压缸及低压缸中膨胀做功。一般再热蒸汽压力为过热蒸汽压力的20%~25%。采用再热系统可使电站热经济性提高4%~5%。

国产125 MW及以上的机组都采用一次中间再热系统。二次再热系统虽可使循环热效率再提高2%，但系统复杂，目前国产机组尚未采用，部分国外大容量机组已采用。

二、再热器在热力系统中的位置及流程

过热器与再热器在热和系统中的位置示意图如图5-18所示，过热器产生的过热蒸汽称为主蒸汽(一次汽)，由主蒸汽管送至汽轮机高压缸，高压缸的排汽由低温蒸汽管道送至再热器[再热器产生再热蒸汽(二次汽)]，经再一次加热升温到一定的温度后，返回汽轮机中低压缸继续膨胀做功。

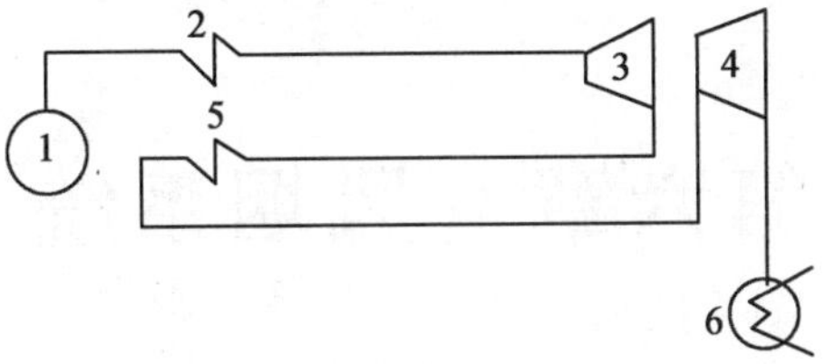

图 5-18 过热器与再热器在热力系统中的位置示意图

1—汽包；2—过热器；3—汽轮机高压缸；4—汽轮机中低压缸；5—再热器；6—凝汽器

三、再热器的工作特点

再热蒸汽压力低，蒸汽的流动阻力较大。在再热系统进口蒸汽压力不高的情况下，若系统阻力增大，蒸汽压降就会增加，就会降低汽轮机中低压缸的进汽压力，使汽轮机热耗增加，直接影响再热机组的热效率。因此，再热系统的压降，一般不超过再热器进口压力的 10%。

再热蒸汽压力低，传热性能差。再热蒸汽的放热系数仅为过热蒸汽的 1/5。因此，再热蒸汽对管壁的冷却能力比较差。因为再热器的压降受到限制，又不宜采用提高工质流速的方法来加强传热，所以再热器中管壁温度与工质温度的温差比过热器高。

四、再热器的布置

因为再热器的工作条件比过热器差，所以国产再热机组大多将再热器布置在烟温不超过 850 ℃的对流烟道中。不过，也有一些采用摆动式直流燃烧器、尾部烟道为单烟道的大型锅炉，为了方便调节再热汽温，把低温再热器移入炉膛内，布置在炉膛上方水冷壁位置或分隔屏位置，称为壁式再热器或屏式再热器。但是为了安全起见，高温再热器只能布置在烟温相对较低的水平烟道中。下面介绍一种锅炉过热器和再热器的布置，如图 5-19 所示。

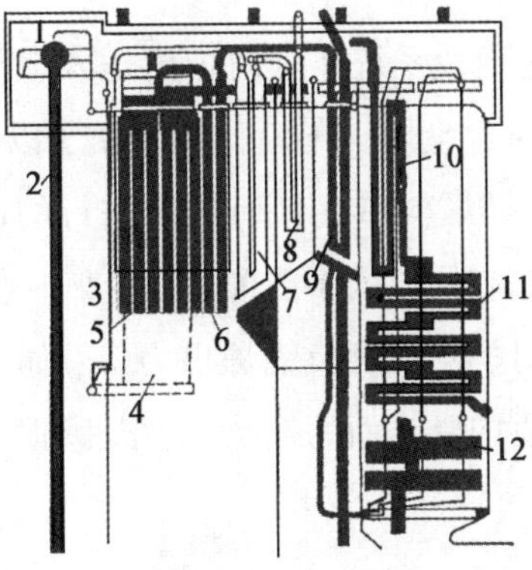

图 5-19 锅炉过热器和再热器布置示意图

1—汽包；2—下降管；3—前墙辐射再热器；4—侧墙辐射再热器；5—分隔屏过热器；
6—后屏过热器；7—后屏再热器；8—末级高温再热器；9—末级高温过热器；
10—立式低温过热器；11—水平低温过热器；12—省煤器

第六章　风烟系统

【知识目标】

(1)掌握风烟系统的构成及工作过程。

(2)了解送风机和引风机的作用、结构及工作过程。

(3)掌握空气预热器的作用、种类、结构及工作过程。

【能力目标】

(1)能够正确叙述风烟系统的构成及工作过程，并绘制流程图。

(2)能够正确说明风机的类型及工作原理。

(3)能够认识空气预热器的结构；能够正确叙述空气预热器的作用和工作过程。

第一节　风烟系统的构成及工作过程

锅炉风烟系统是锅炉空气系统和烟气系统的总称，是锅炉重要的辅助系统，也称为通风系统。

在锅炉运行过程中，通过送风系统连续向炉内送入燃料燃烧所需要的适量空气，同时通过排烟系统将燃烧生成的含尘烟气不断排出锅炉，以维持炉膛压力的稳定和燃烧、传热的正常进行，这种送风、排烟(也称引风)同时进行的过程称为锅炉的通风过程。如果送风量和送风方式与燃料和燃烧方式不匹配，将会影响燃料的着火、燃烧和燃尽过程，影响炉内平均烟温水平和辐射换热强度及锅炉出力等；如果送风量和排烟量不匹配，将影响炉膛压力的稳定性和烟道中受热面的换热强度及磨损、积灰等。

一、风烟系统的作用

(1)向炉膛连续不断地提供符合要求的空气，供燃料燃烧用。

(2)将燃料燃烧生成的烟气流经各受热面和净化后连续地排出，维持炉膛负压，保证锅炉安全经济地运行。

(3)根据燃料完全燃烧所需的风量和炉膛负压进行正确的调整，以达到燃料燃烧的经济、完全和稳定。

二、风烟系统构成

目前大型燃煤锅炉的风烟系统一般包括一次风系统、二次风系统和烟气系统三部分。按照我国火力发电厂的传统划分方法，它应该包括烟道、冷风道、热风道，以及与这三类通道相关的设备——送风机、引风机、一次风机、密封风机、空气预热器、暖风器、除尘器、脱硫脱硝装置及烟囱等。与这三类通道相关的元件有关闭挡板风门、调节挡板风门、防爆门、人孔门、滤网及消声器等。

(1)烟道。其主要有锅炉空气预热器出口至烟囱前的烟道，烟气再循环管道，磨煤机干燥用的高温烟气管道，低温烟气管道，等等。

(2)冷风道。其主要有吸风口至空气预热器的冷风道，磨煤机及其他调温用的压力冷风道，锅炉尾部支承梁的冷却风管道，磨煤机、给煤机的密封系统管道，低温一次风机或低温干燥风机的进口和出口风道，微正压锅炉的有关密封管道，点火风机风道，等等。

(3)热风道。其主要有空气预热器出口风箱，喷燃器的二次风道，热风送粉用的热风道，磨煤机干燥用的热风道，排粉机进口的热风道，高温一次风机进口的热风道，烟气干燥混合器的热风道，热风再循环管道，等等。

(4)送风机。它又叫二次风机，其作用是为锅炉炉膛内燃料的正常燃烧提供充足的二次风量。为了使燃料在炉内的燃烧正常进行，必须向炉膛内送入燃料燃烧所需要的空气。用送风机可以克服空气预热器、风道和燃烧器的流动阻力，提供燃料燃烧所需要的氧气。

(5)引风机。它又叫吸风机，其作用是克服烟气侧的过热器、再热器、省煤器、空气热器、除尘器及脱硫脱硝装置等的流动阻力，将锅炉燃烧产生的烟气排出，维持炉膛压力，形成流动烟气，完成烟气与各受热面的热交换。

(6)一次风机。其作用是为锅炉的正常运行提供一次风量。对于煤粉锅炉来说，一次风的主要作用是干燥和输送煤粉至锅炉炉膛，并为煤粉的初期燃烧提供氧气。对于循环流化床锅炉来说，一次风的作用是使床料在炉膛内流化和提供煤初始燃烧所需要的氧气。

(7)密封风机。为锅炉制粉系统磨煤机、给煤机等设备提供密封风的风机称为密封风机，其作用是防止带有煤粉的气粉混合物漏出设备污染环境，或进入加载装置磨辊轴承而造成轴承故障。

(8)空气预热器。它是利用锅炉尾部烟道中烟气的余热来加热空气的热交换设备。其利用锅炉燃烧后烟气的热量加热空气，回收了烟气的部分热量，降低了排烟温度，同时提高了燃料与空气的初始温度，强化了燃料的燃烧，提高了锅炉效率。

(9)暖风器。它利用蒸汽加热空气预热器进口空气，以防止热空气预热器低温腐蚀和堵塞的热交换器。

(10)除尘器。它是用于将锅炉烟气中的粉尘分离出来的设备，以减少锅炉排出来的烟气对环境造成的粉尘污染。

(11)脱硫脱硝装置。它主要用于去除锅炉烟气中的二氧化硫、氮氧化物等有害气体，以减少锅炉排出来的烟气造成的大气污染。

(12)烟囱。它的作用是利用外界冷空气与烟囱内部热烟气之间的密度差而产生的抽吸力来排除锅炉燃烧产生的烟气。

(13)关闭挡板风门。也将其称为关断门、风道挡板门或烟道挡板门，用于烟管、风道中作截流介质用，它具有全开、全关两个功能，使系统某一管路介质全部流通或关闭。

(14)调节挡板风门。它主要是用于锅炉烟风管路中调节介质流量的设备。

(15)防爆门。用于防止系统或设备内部由于爆炸等原因造成压力突增而损坏设备。

(16)人孔门。又称检修孔，用于系统或设备检修时供检修人员进出的通道。

(17)滤网。主要用于风机的入口风道等处，防止空气中的杂物进入风机或风道造成设备损坏或阻塞风道。

(18)消声器。是安装在空气动力设备气流通道上或进、排气系统中的降低噪声的装置。它既能允许气流顺利通过，又能有效地阻止或减弱声能向外传播。为减小环境噪声污染，送风机、一次风机入口都装有消声器。

三、风烟系统的工作过程

风烟系统流程示意图如图 6-1 所示，冷空气由送风机克服送风流程(空气预热器、风道、挡板等)的阻力，将空气送入空气预热器预热。空气预热器出口的热风经热风联络

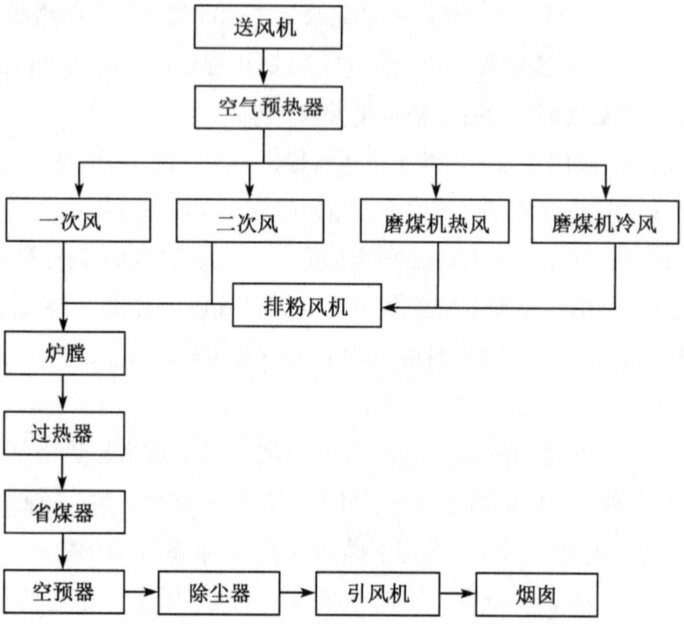

图 6-1　风烟系统流程示意图

母管，一部分进入炉两侧的大风箱，并被分配到燃烧器二次风进口，进入炉膛；另一部分由一次风机经空气预热器引到磨煤机热风母管作干燥剂并输送煤粉。炉膛内燃烧产生的烟气经锅炉各受热面分两路进入两台空气预热器，经空气预热器后的烟气进入除尘器，由引风机克服烟气流程(包括受热面脱硝设备、除尘器、烟道、脱硫设备、挡板等)的阻力将烟气抽吸到烟囱，排入大气。

四、风烟系统的启动注意事项

(1)检查锅炉风烟道、各类管道保温良好。

(2)检查锅炉燃烧室、灰坑内应无焦渣和杂物。

(3)检查过热器、再热器、省煤器、空气预热器各受热面清洁情况，各烟道内无结灰和杂物。

(4)检查炉本体、尾部烟道的人孔、检查孔、看火孔关闭严密。

(5)检查所有吹灰器在退出位置。

(6)检查风烟系统各挡板、锅炉小风门挡板操作灵活，开度指示与实际位置相符。

(7)要启动的辅机现场检查正常，有关工作票终结，有关保护、热工仪表良好。

(8)风机的启动尽量使用功能组，大型的风机启动前应建立良好的空气通道。

(9)锅炉吹扫风量为30%~40%额定风量，辅助风挡板开度为100%。

(10)系统起动次序:空气预热器⟶引风机⟶对应侧送风机。

(11)一次风机的启动需制粉系统满足条件后进行。

五、风烟系统的经济运行

大型电站锅炉风烟系统的经济运行，直接关系到锅炉效率的高低和机组经济性能的好坏。要实现风烟系统经济运行，应注意以下几方面。

(1)减少风、烟通道的节流损失，控制合理的过量空气系数。在满足燃烧的前提下尽量减少送风量。

(2)合理进行燃烧配风，根据煤种变化合理调整风、粉配比，及时调整风速和风量配比，避免煤粉气流冲墙，防止局部高温区域的出现，以减少结渣发生，降低固体不完全燃烧损失。

(3)加强空气预热器治理，降低漏风率。

(4)对存在偏烧的锅炉，可通过调整风烟系统运行方式来降低排烟损失。

第二节 风 机

风机是把机械能转化为气体的势能和动能的设备。电站风机主要指火力发电厂锅炉的送风机、引风机、一次风机和密封风机。按照工作原理，可将风机大体上分为轴流式风机和离心式风机两大类。

一、轴流式风机

1.结构

轴流式风机的主要部件有叶轮、集风器、导叶、吸入室、扩压器，如图 6-2 所示。近年来，大型轴流式风机还装有调节装置和性能稳定装置。

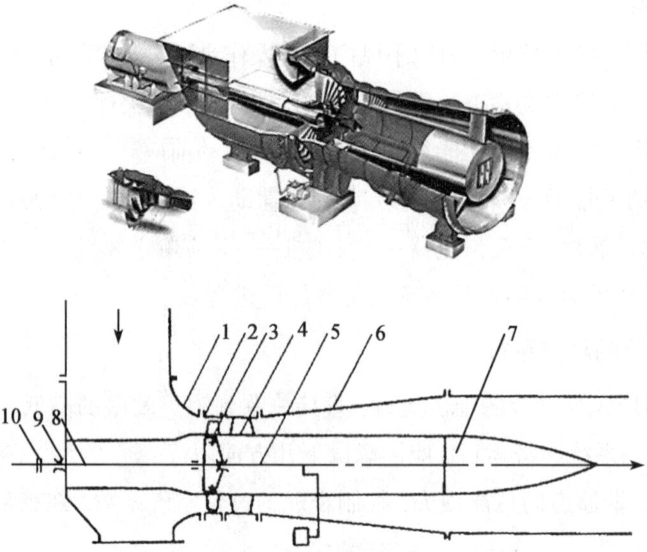

图 6-2 轴流式风机结构示意图

1—进气室；2—外壳；3—动叶片；4—导叶；5—扩散筒；6—扩压器；7—导流体；8—轴；9—轴承；10—联轴器

(1)叶轮。它是轴流风机的核心部件，其作用是将原动机输入的机械能转换成被输送流体的压力能和动能。

(2)集风器。它装在叶轮进口，轴流式风机一般采用喇叭管形集流器，且集流器前装有进气箱。集流器和进气箱的作用都是将气流以最小的阻力引入风机，保证气流能均匀地充满叶轮进口断面。

(3)导叶。它能使通过叶轮前后的流体具有一定的流动方向，并使其阻力损失最小。装在叶轮进口前的称前导叶，装在叶轮出口处的称后导叶。后导叶除了将流出叶轮流体的旋转运动转变为轴向运动外，同时还将旋转运动的部分动能转为压力能。

(4)扩压器。它的作用是将后导叶流出的气流动能部分转变为压力能，其结构有筒形和锥形两种。

(5)性能稳定装置。它的作用是在气流量小于设计流量时，保持流动稳定。

(6)调节装置。它的作用是调节叶片安装角度，改变风机性能。

2.工作原理

当叶轮在电机的驱动下旋转时，气体从进口轴向进入叶轮，受到叶轮上叶片的轴向推力(叶片中的流体绕流叶片时，根据流体力学可知，流体对叶片有一个升力，同时由作用力和反作用力相等的原理，叶片也作用给流体与升力大小相等、方向相反的力，即推力)，此叶片的推力对流体做功，使流体的能量升高，然后流入导叶。导叶将偏转流动变为轴向流动，同时将流体导入扩压管，进一步将流体动能转换为压力能，最后引入工作管路。叶片连续旋转即形成轴流式风机的连续工作。

二、离心式风机

1.结构

离心式风机的主要部件有叶轮、集流器、进气箱、前导器、扩压器、蜗壳，如图6-3所示。

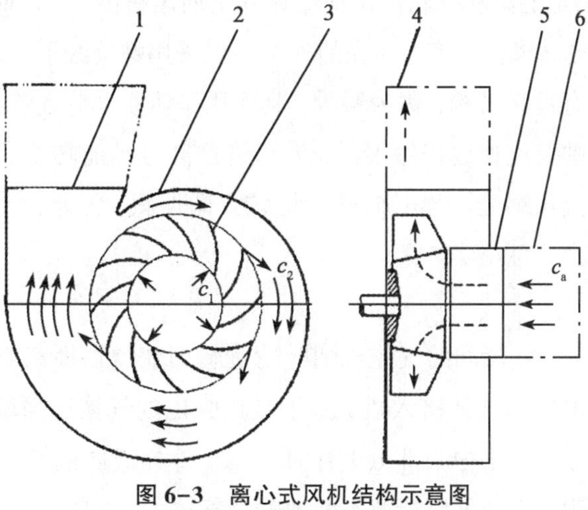

图6-3　离心式风机结构示意图

1—出风口；2—蜗壳；3—叶轮；4—扩压器；5—集流器；6—进气箱

(1)叶轮。它是风机的心脏，它由原动机驱动。叶轮旋转时便将原动机的机械能传递给气体，使气体压力升高，表现为气体压力的增加、速度的变化。考虑到叶轮的重要性，选择和设计的基本原则是运行稳定，使用寿命长，效率高。

叶轮由叶片、轮盖(前盘)、轮盘(中盘、后盘)及轴盘(轮毂)组成。

没有轮盖的叶轮称为半开式叶轮。没有轮盖和轮盘的叶轮称为全开式叶轮。

叶片是对气体做功的唯一部件，叶片的形状基本决定了叶轮的效率和使用环境。常用叶片有六种形状，用得最广泛的是后向弯曲叶片和机翼形叶片。随着新技术、新材料和新工艺的开发和应用，不同形状之间的界限会越来越小，效率会越来越高。

(2)集流器。它又叫风机的进风口，其作用是引导气流进入叶轮。

集流器是钢板压成的结构件。根据与叶轮进口配合处的形状，可将集流器分为平直形集流器和圆弧形集流器，用得最多的是圆弧形集流器。集流器是收敛形的，这种形状能让气流均速后进入叶轮，以提高气流的稳定性。因关系到气体的内泄漏，所以需要特别控制集流器与叶轮进口的轴向和径向间隙，防止因间隙不当而降低风机压力和效率。

(3)进气箱。它又称进风室，其作用是引导气流从径向转为轴向，隔离轴承与气体，便于检修。进气箱主要是由两侧板和一圈板焊接而成的结构件，其结构形式有很多种，但基本设计原则都是气流能量损失小，气流能平稳匀速地进入轴向；有足够的刚度和强度防止变形过大和振动。在进气箱的合适位置上开有人孔门，以便人员安装检修和查看叶轮进口使用情况。

(4)前导器。有些风机进口处装有由可调节的叶片制成的前导器。其作用是通过叶片角度的变化，改变进气介质密度与气流方向，从而获得不同的性能曲线。

(5)扩压器。有的风机的出口装有扩压器，又称为扩散器。其作用是将出口气流的部分动压转化成静压，减少出口流动损失，提高风机静压效率。

(6)蜗壳。其作用是汇集从叶轮流出的气体并引向风机出口，同时，将气体的部分动能转换为压力能。为提高风机效率，蜗壳的外形一般采用螺旋线形。

在蜗壳出口附近有舌状结构，称为蜗舌，其作用是防止部分气流在蜗壳内循环流动。

因蜗壳出口断面的气流速度仍然很大，为了将这部分动能转换为压力能，在蜗壳出口装有扩压器，因气流从蜗壳流出时向叶轮旋转方向偏斜，因此，将扩压器做成向叶轮一边扩大，其扩散角通常为6°~8°。

2.工作原理

叶轮随转轴旋转时，叶片间的气体也随叶轮旋转而获得惯性离心力，并使气体从叶片间的出口甩出。被甩出的气体挤入机壳，于是机壳内的气体压强增高，最后被导向出口排出。气体被甩出后，叶轮中心部分的压强降低。外界气体就能从风机的吸入口通过叶轮前盘中央的孔口吸入，就可以源源不断地输送气体。

三、轴流式风机和离心式风机的比较

(1)动叶调节轴流风机的变工况性能好，工作范围大。因为动叶片安装角可随着锅炉负荷的改变而改变，既可调节流量又可保持风机在高效区运行。

(2)轴流式风机对风道系统风量变化的适应性优于离心式风机。由于外界条件变化使所需风机的风量、风压发生变化，离心式风机就有可能使机组达不到额定出力，而轴流式风机可以通过关小或开大动叶的角度来适应变化。同时，轴流式风机不同于离心式

风机的调节方式，决定了其效率较高。

(3)轴流式风机重量轻、飞轮效应值小，使得启动力矩大大减小。

(4)与离心式风机比较，轴流式风机结构复杂，旋转部件多，制造精度高，材质要求高，运行可靠性差。但由于动叶调节是先进技术，使得运行可靠性提高。

四、送风机

现代超临界及以上参数的机组，锅炉容量非常大，单位时间内需要的空气量巨大，因此最适宜采用轴流式送风机。

1.轴流式送风机的优点

轴流式送风机的优点在于流量大，全压低，高效率范围区比较大，可以在机组调峰和变负荷运行时保持较高的运行效率。轴流式风机又可分为静叶可调风机与动叶可调风机两种。

2.送风机启动前检查与准备

(1)所有送风机工作票已终结，工作人员已撤离，系统恢复完整，表计齐全且投入使用，现场清理干净。

(2)检查送风机及风烟道各检查门、人孔门在关闭位置。

(3)联系并确认热工操作人员将送风机调节装置、出口挡板及风烟道有关风门、挡板的工作电源和操作电源送上，切至远动位，有关仪表和报警及保护装置投入使用。

(4)就地事故按钮完整、良好。

(5)烟风挡板执行机构灵活，就地实际位置与画面指示相符。

(6)联轴器连接完好，靠背轮安全罩牢固。

(7)检查送风机风管支架装设牢固。

(8)电动机接地线良好，电机接线正确，地脚螺丝无松动现象。

(9)停运时间超过 15 d，需要测定电动机绝缘，绝缘合格后方可汇报单元长送电。

(10)确认风机润滑油站油泵联锁试验合格，启动一台油泵，检查供油压力正常，油质合格，无乳化现象，油位正常；冷油器投入使用。将另一台油泵投入备用。

(11)送风机保护、联锁条件及程序回路试验正常并投入使用。

五、引风机

引风机的作用是将锅炉产生的烟气抽出炉外。现代火电厂大型锅炉由于容量大、参数高，单位时间产生的烟气量非常大，因此都采用轴流式引风机，而且一般采用静叶可调轴流式引风机。

1.静叶可调轴流式引风机的优点

引风机必须考虑含尘烟气对风机叶轮的磨损。风机叶轮的磨损速率与其转速的平方，与烟气冲刷叶片的速度的3.5 次方成正比。在保证相同风机压头的条件下，动叶可调轴流式风机需要叶轮的圆周速度较高，对烟气含尘量的适应性较差；静叶可调轴流式风机对烟气含尘量的适应性较好。从磨损角度看，静叶可调轴流式风机磨损较小，动叶可调轴流式风机磨损较大。

2.引风机启动前的检查与准备

(1)所有风烟系统，除尘、脱硫系统，引风机工作票已终结，工作人员已撤离，系统恢复完整，表计齐全且投入使用，现场清理干净。

(2)检查炉膛、风道、烟道、空气预热器、电除尘器内无人工作，引风机及烟道各检查门、人孔门在关闭位置。

(3)联系并确认热工操作人员将引风机调节装置、出口挡板及烟风道有关风门、挡板的工作电源和操作电源送上，切至遥控状态，投入使用有关仪表和报警及保护装置，就地事故按钮完好。

(4)风烟挡板、调节装置执行机构灵活，就地实际位置与画面指示相符。

(5)联轴器连接完好，靠背轮安全罩牢固。

(6)检查引风机风管支架装设牢固。

(7)电动机接地线良好，电机接线正确，地脚螺丝无松动现象。

(8)停运时间超过 15 d，需要测定电动机绝缘，绝缘合格后方可汇报单元长送电。

(9)确认电机润滑油站 MCC 电源及就地控制柜电源开关合闸，联锁开关在“保安”位置，信号指示正确。

(10)确认电机润滑油站油泵联锁试验合格；启动一台油泵，检查供油压力正常、润滑油流量正常、轴承回油正常、油质合格、无乳化现象、油位正常；将另一台油泵投入备用，投入使用润滑油冷却器，冷却水回水正常。

(11)启动一台风机轴承冷却风机，检查冷却风压力合格，将另一台冷却风机投入备用。

六、一次风机

一次风机的作用是向制粉系统提供干燥与输送煤粉的空气。与二次风相比，一次风具有风量小(一般仅占炉膛燃烧总风量的 20%左右)、风压高(直吹式制粉系统中约为 15 kPa)，运行中风量变化大、风压变化小的特点。动叶可调轴流式风机和离心式风机都可做一次风机。一次风机启动前要做好以下检查与准备工作。

(1)所有一次风机工作票已终结，工作人员已撤离，系统恢复完整，表计齐全且投入使用，现场清理干净。

(2)一次风机保护、联锁条件及程序回路试验正常并投入使用。

(3)检查一次风机及风道各检查门、人孔门在关闭位置。

(4)确认一次风机调节装置、出口挡板的工作电源送上，投入有关仪表和报警及保护装置。

(5)就地事故按钮完整良好。

(6)风挡板执行机构灵活，就地实际位置与画面指示相符。

(7)联轴器连接完好，靠背轮安全罩牢固。

(8)检查一次风机风管支架装设牢固。

(9)电动机接地线良好，电机接线正确，地脚螺丝无松动现象。

(10)停运时间超过 15 d，需要测定电动机绝缘，绝缘合格后方可汇报单元长送电。

(11)确认电机油站供油压力正常，油质合格无乳化现象，油位正常，冷油器已投入使用。

(12)在锅炉不具备投粉条件的任何情况下，启动一次风机前都必须做好防止一次风。

七、风机节能措施

风烟系统是火电机组主要耗电者之一，送风机、引风机、一次风机耗电量占单元机组全部辅机耗电量的25%~35%。因此，深挖风机节电潜力，减少风烟系统辅机耗电量，可以有效降低机组厂用电率。

风机节能措施主要有以下几个方面。

(1)减少系统无效压损和控制泄漏率。

(2)结合机组需求，使辅机提供的介质流量、压力、流速处于最佳工况。

(3)合理安排运行方式，使辅机处于最佳运行工况，减少辅机运行台数和空载功耗。

(4)改变辅机出力调节方式，使辅机工作点处于高效区。

目前来说，大型机组风机的节能措施主要有两方面措施：一是采用风机动叶调节，以减少节流调节造成的节流损失；二是大功率风机采用变频调节技术，以减少低负荷时风机电耗率。

第三节　空气预热器

空气预热器是利用锅炉尾部烟气的热量加热燃料燃烧所需的空气的热交换设备。空气预热器均布置在锅炉对流烟道的尾部，工作在烟气温度较低的区域，通常称为尾部受热面。根据其在尾部烟道中的布置方式，可分为单级布置和双级布置。空气预热器单级布置热风温度一般只能达到 300 ℃左右，再高则难度大。

一、空气预热器的作用

锅炉装设空气预热器后，有以下几点好处。

(1)降低排烟温度，提高锅炉效率，节省燃料。

(2)改善燃料的着火与燃烧条件，同时也降低了不完全燃烧热损失。

(3)利于提高炉膛燃烧温度，强化辐射传热。

(4)热空气可作为煤粉锅炉制粉系统的干燥剂和输粉介质。

二、空气预热器的类型

按照传热方式，可将空气预热器分为传热式预热器和蓄热式预热器。在电厂中常用的传热式空气预热器是管式空气预热器，蓄热式空气预热器是回转式空气预热器。

传热式是指金属壁面将空气和烟气隔开，它们各有自己的通路，热量连续地通过传热面由烟气传给空气。

蓄热式是指烟气和空气交替地通过受热面，当烟气通过受热面时，热量由烟气传给受热面金属，并被金属积蓄起来，然后当空气经过受热面金属时，金属又把积蓄的热量传递给空气，依靠这样连续不断地循环加热。

三、管式空气预热器的结构与工作原理

1.管式空气预热器的结构

管式空气预热器的结构整体为管箱，如图 6-4 所示。它由许多薄壁烟管 4(管子错列布置)焊在上管板 1 与下管板 3 之间形成管箱。装有中间管板 2，使空气交叉流动，实现逆流传热。

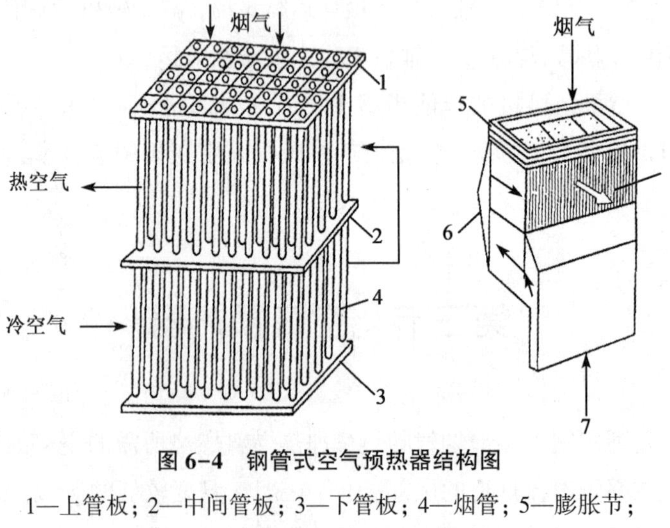

图 6-4　钢管式空气预热器结构图

1—上管板；2—中间管板；3—下管板；4—烟管；5—膨胀节；
6—空气连通罩；7—冷空气入口；8—热空气出口

2.工作原理

高温烟气在管内纵向流动，冷空气在管外横向流动，高温烟气的热量通过金属壁面传给冷空气，钢管式空气预热器实物图如图 6-5 所示。

目前，我国容量在 670 t/h 以下的锅炉多采用钢管式空气预热器。

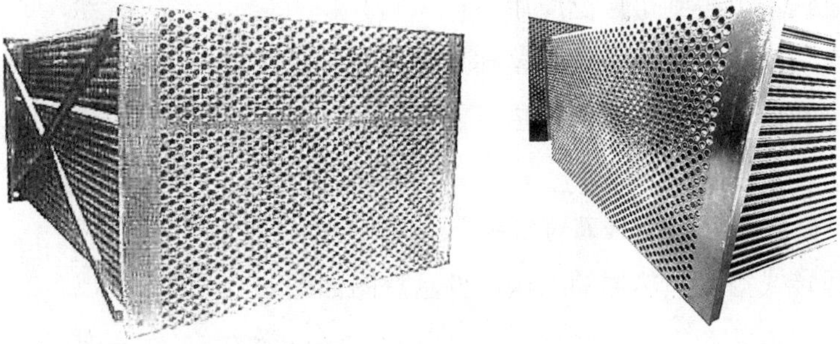

图 6-5　钢管式空气预热器实物图

3.布置

根据气流的通道，可将管式空气预热器分为单通道管式空气预热器和双通道管式空气预热器；根据流程，可将其分为单流程管式空气预热器和多流程管式空气预热器，如图 6-6 所示。

图 6-6(a)所示为单道单流程管式预热器的布置方式。其优点是烟气与空气一次交叉流动，布置方式简单，空气通道截面大，流动阻力小；缺点是传热平均温差小。

图 6-6(b)所示为单道多流程管式预热器的布置方式。该布置方式流程数目越多，越接近逆流传热，会得到较大的传热平均温差。此外，流程数增多，空气流速增加，有利于增强传热。因此，大型锅炉常采用多流程空气预热器。

在大型锅炉中，为得到较大传热温差，又不使空气流速过大，常采用双道多流程布置方式，如图 6-6(c)所示。

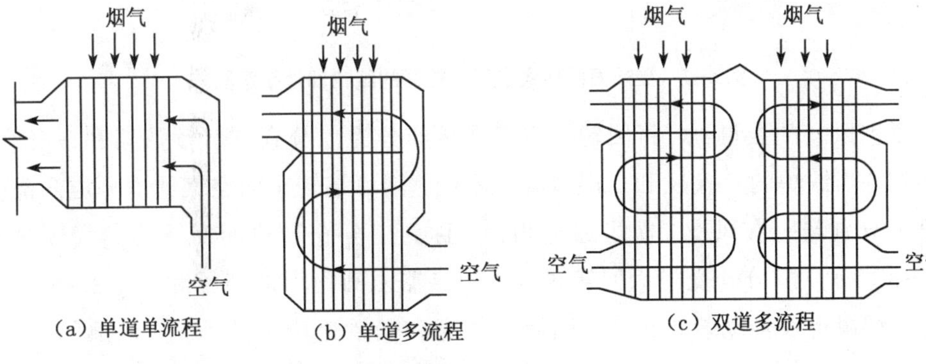

图 6-6　管式空气预热器的布置方式

四、回转式空气预热器的结构与工作原理

随着电厂锅炉蒸汽参数和机组容量的加大，管式空气预热器由于受热面的加大而使体积和高度增加，给锅炉布置带来影响。因此，现在大机组锅炉都采用结构紧凑、重量更

轻的回转空气预热器。回转式空气预热器传热效率高、结构紧凑、体积小、金属耗量少，因而在大容量锅炉上得到了广泛应用。

回转式空气预热器布置在锅炉尾部烟道出口，按其转动部件，又可分为受热面回转式空气预热器和风罩回转式空气预热器。我国大型火电厂锅炉均采用受热面回转式空气预热器。

1.受热面回转式空气预热器的结构

受热面回转式空气预热器的结构部件示意图如图 6-7 所示。

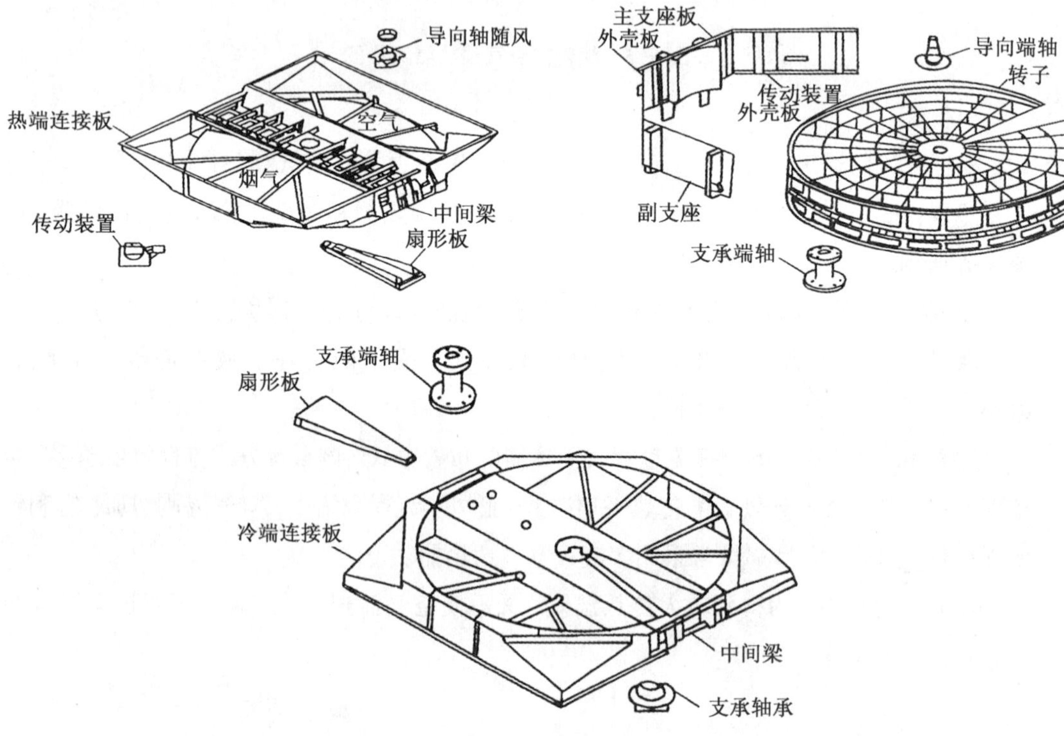

图 6-7　受热面回转式空气预热器的结构部件示意图

按照进风仓的数量，可将回转式空气预热器分为二分仓空气预热器和三分仓空气预热器。当锅炉的一次风和二次风温度不同，则可将转子的空气通道分成两部分，这两部分分别与一次风、二次风通道相接，称为三分仓受热面回转式空气预热器，如图 6-8 所示。三分仓受热面回转式空气预热器由圆筒形的转子和圆筒形外壳、密封装置、烟风道及传动装置组成。圆筒形外壳和烟风道均不转动，而内部的圆形转子是转动的。

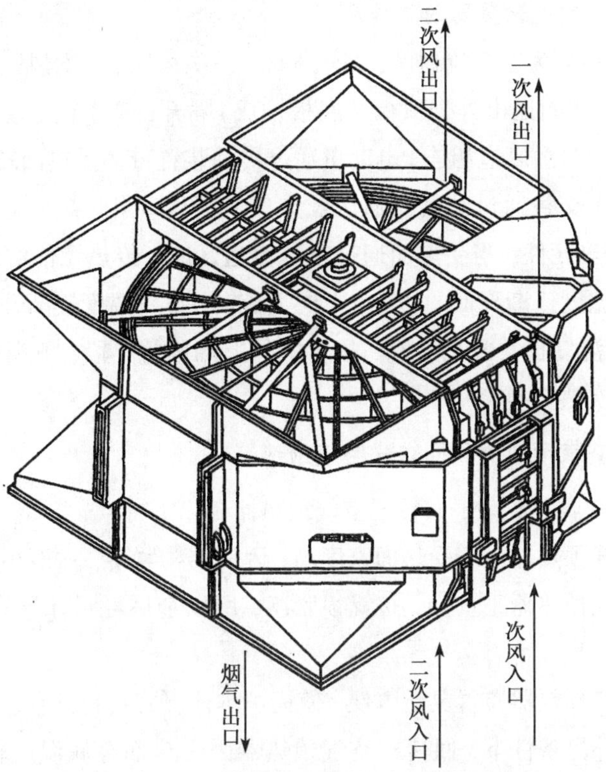

图 6-8 三分仓受热面回转式空气预热器示意图

受热面装在可转动的转子上，转子被分成若干扇形仓格，每个仓格装满了由波浪形金属薄板制成的蓄热板。圆筒形外壳的顶部和底部上下对应分隔成烟气流通区、空气流通区和密封区（过渡区）三部分。烟气流通区与烟道相连，空气流通区与风道相连，密封区中既不流通烟气，又不流通空气，所以烟气和空气不相混合。

空气预热器转子示意图如图 6-9 所示，空气预热器转子由中心筒、径向隔板、横向隔板及转子外围组成。中心筒和转子外围均由钢板卷制而成，两者之间依靠径向隔板连成一个整体。受热面装于可转动的圆筒形转子之中，转子被径向隔板及环向隔板分成若干个扇形仓格，每个仓格内装满了由波浪形金属薄板制成的作为受热面的传热单元（蓄热板）。

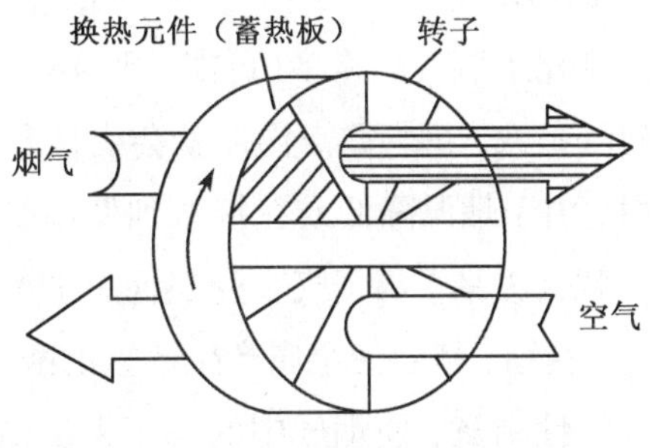

图 6-9 空气预热器转子示意图

2.受热面回转式空气预热器的工作原理

转子横截面被划分为三个流通区，即烟气区、一次风区、二次风区。转子的三个流通区之间通过密封区(密封区由外壳顶板及底板构成)隔开，三个流通区分别与上下烟道、上下一次风道、上下二次风道相连。电动机通过传动装置带动受热面转子以1 r/min的速度旋转，受热面依次交替通过烟气流通区及空气流通区。当受热面通过烟气流通区时，烟气将热量放给传热元件；当受热面通过空气流通区时，传热元件对空气放热。烟气自上向下流动，烟气温度逐渐降低。空气自下向上流动，空气温度逐渐升高，此时转子上端面的径向隔板金属温度比下端面处高，故转子的上端称为热段，下端称为冷段。转子每旋转一周，完成一次热交换。

五、比较管式空气预热器和回转式空气预热器

与管式空气预热器相比较，回转式空气预热器有以下特点。

(1)回转式空气预热器由于受热面密度高，因而结构紧凑，占地小。

(2)回转式空气预热器重量轻，布置很紧凑，所以金属耗量比同容量管式空气预热器要少很多。

(3)回转式空气预热器布置灵活方便，使锅炉本体更容易得到合理的布置。

(4)在相同的外界条件下，回转式空气预热器因受热面金属温度较高，低温腐蚀的危害较管式空气预热器轻些。

(5)回转式空气预热器的漏风量比较大。

(6)回转式空气预热器的结构比较复杂，制造工艺要求高，运行维护工作多，检修也较复杂。

六、空气预热器的低温腐蚀

1.低温腐蚀原因

在燃料燃烧过程中会生成一定的SO_3，当烟气温度低于200 ℃时，SO_2会与水蒸气结合生成硫酸蒸汽，即

SO_2(气)+H_2O(气)$\longleftrightarrow$$H_2SO_3$(气)　弱酸；　　H_2SO_3(液)$\longleftrightarrow 2H^+ + SO_3^{2-}$

SO_3(气)+H_2O(气)$\longleftrightarrow$$H_2SO_4$(气)　强酸；　　H_2SO_4(液)$\longleftrightarrow 2H^+ + SO_4^{2-}$

由于硫酸蒸汽的凝结温度比水蒸气高得多(可能达到140~160 ℃，甚至更高)，因此烟气中只要含有很少量的硫酸蒸汽，烟气露点温度就会明显升高。

当烟气进入低温受热面，由于烟温降低或在接触到低温受热面时，只要温度低于露点温度，水蒸气和硫酸蒸气就会凝结。水蒸气在受热面上的凝结，将会造成金属的氧腐蚀，而硫酸蒸气在受热面上的凝结，将会使金属产生严重的酸腐蚀。而且，腐蚀产物和凝结产物会与飞灰反应，生成酸性结灰，使烟气中的飞灰大量黏结沉积，形成不易被清除的低温黏结结灰。由于结灰，金属传热能力降低，受热面壁温降低，引起更严重的低温腐

蚀和黏结结灰，最终有可能堵塞烟气通道。

2.低温腐蚀的危害

强烈的低温腐蚀会造成空气预热器热面金属的破裂，大量空气漏进烟气中，使得送风燃烧恶化，锅炉效率降低，影响空气预热器的传热效率，同时腐蚀也会加重积灰，使烟道阻力加大，影响锅炉安全、经济运行。

3.影响低温腐蚀的因素

影响低温腐蚀的因素是硫酸蒸汽的凝结量。凝结量越大，腐蚀越严重。

(1)凝结液中硫酸的浓度。烟气中的水蒸气与硫酸蒸汽遇到低温受热面开始凝结时，硫酸的浓度很大。随着烟气的流动，硫酸蒸汽会继续凝结，但是这时凝结液中硫酸的浓度却逐渐降低。开始凝结时产生的硫酸对受热面的腐蚀作用很小，而当浓度为56%时，腐蚀速度最大。

(2)受热面的壁温。受热面的低温腐蚀速度与金属壁温有一定的关系，生产实践证明，空气预热器腐蚀最严重的区域有两个：一个发生在水露点附近，另一个发生在烟气露点以下20~45 ℃区域。

4.低温腐蚀的减轻和预防

(1)燃料脱硫。

(2)低氧燃烧。在燃烧过程中用降低过量空气系数来减少烟气中的剩余氧气，以使SO_2转化为SO_3的量减少。但是低氧燃烧必须保证燃烧的安全，否则会降低燃烧效率，影响经济性。

(3)采用降低酸露点和抑制腐蚀的添加剂。将添加剂——粉末状的白云石——混入燃料中，或直接吹入炉膛，或吹入过热器后的烟道中，它会与烟气中的SO_2和H_2SO_4发生作用而生成$CaSO_4$或$MgSO_4$，从而降低烟气中的SO_2或H_2SO_4的分压力，降低酸露点，减轻腐蚀。

(4)提高空气预热器受热面的壁温是防止低温腐蚀最有效的措施，通常可以采用热风再循环或暖风器两种方法。

(5)回转式空气预热器的结构对抗腐蚀有作用。采用回转式空气预热器本身就是一个减轻腐蚀的措施，因为它在相同的烟温和空气温度下，烟气侧受热面壁温较管式空气预热器高，这对减轻低温腐蚀有好处。

5.运行中防止低温腐蚀的措施

(1)采用低氧燃烧。

(2)控制炉膛燃烧温度水平，减少SO_3的生成量。

(3)定期吹灰，利于清除积灰和防止低温腐蚀。

(4)定期冲洗。如空气预热器冷段积灰，可以用碱性水冲洗受热面清除积灰。冲洗后一般可以恢复至原先的排烟温度，而且腐蚀减轻。

(5)避免和减少尾部受热面漏风。因漏风，受热面温度降低，腐蚀加速。特别是空气预热器漏风，漏风处温度大量下降，会导致严重的低温腐蚀。

总之，空气预热器产生低温腐蚀的主要原因是燃料中的硫燃烧生成 SO_2，其中部分氧化形成 SO_3。由于 SO_3的存在，使烟气的露点升高，当遇低温受热面时结露，并腐蚀金属。影响空气预热器腐蚀速度的因素有：硫酸量、浓度和壁温。预防低温腐蚀的措施是采用热风再循环，加装暖风器，采用耐腐蚀的材料，装设吹灰装置。

第七章　除尘、脱硫、脱硝系统

【知识目标】

(1)了解除尘设备系统的基本结构及工作原理。

(2)掌握脱硫系统的设备组成及工作过程。

(3)了解脱硝的方法；掌握脱硝系统设备组成及工作过程。

【能力目标】

(1)能正确识别除尘器的基本结构，并能正确叙述其工作原理。

(2)熟悉组成脱硫系统的设备名称及作用，并能正确叙述脱硫系统的工作过程。

(3)熟悉脱硝的位置及对应的方法，并能正确叙述脱硝系统的工作过程。

第一节　除尘系统

一、除尘的目的

目前，我国火力发电厂主要是燃煤型锅炉，煤燃烧后产生的烟气中的主要物质有烟尘、二氧化硫、氮氧化物、一氧化碳、二氧化碳等，这些有害污染物会给人体、设备和植物造成很大的危害，主要有以下几方面。

(1)对人体的危害。烟尘对人体的呼吸系统的危害最大，它可以通过呼吸系统直接进入人体肺泡。进入肺泡的小粒径颗粒具有很大的危害性，防治不利就会导致人患肺病或心血管病等疾病。

(2)对锅炉、电气等设备的危害。粉尘会使锅炉内的受热面积灰，影响热交换性能；烟气中含有的微小颗粒会对锅炉受热面、烟道、引风机造成磨损，缩短其使用寿命，增加维修工作量。烟气中大量的有害气体还会限制排烟温度，增加排烟损失，降低锅炉效率；粉尘落到电气设备上，可能会造成设备发生短路，引起事故。另外，悬浮性粉尘会增加生产设备的非正常磨损，缩短设备的寿命，增加维护成本，从而对企业的产出和经济效益产生影响。

(3)对植物的危害。燃煤产生的烟尘会飞散到大气环境中，粉尘漂浮到植物上，覆盖在绿色植物的叶子上，会影响到植物的光合作用。而且尘粒本身是酸性物质(主要是硅的氧化物，还有钙、镁、铁、铝等的氧化物)，严重影响植物生长，对大气环境及生态平衡产生严重影响。

为保护我们的生存环境，实现绿色可持续发展，燃煤电厂和其他工业企业就必须对烟气和粉尘等污染物进行处理，以达到排放标准。加强对粉尘污染的治理，不但具有经济效益，而且随之带来的社会效益和环境效益更是不可估量的。因此，控制和治理粉尘污染已经成为我国现今及未来相当一段时间内最为重要和紧迫的环保任务之一。

二、除尘器的种类

除尘是指在炉外加装各类除尘设备(把粉尘从烟气中分离出来的设备)，以净化烟气，减少排放到大气中的粉尘，它是目前控制排尘量达到允许程度的主要方法。

除尘设备的种类繁多，分类的依据多种多样。通常按照捕集分离粉尘粒子的机理来分类，如重力、惯性力、离心力、热力、扩散力等，可将各种除尘设备分为四大类，即机械式除尘器、湿式除尘器、过滤式除尘器、电除尘器。

(1)机械式除尘器。一般作用于除尘器内，含尘气体的作用力是重力、惯性力及离心力。这类除尘器又可分为重力除尘设施——重力沉降室，惯性力除尘设施——惯性除尘器(又称惯性分离器)，离心力除尘设施——旋风除尘器(又称离心分离器)。

(2)湿式除尘器(又称湿式洗涤器)。湿式除尘器是以水或其他液体为捕集粉尘粒子介质的除尘设施。按耗能的高低分为低能湿式除尘器——喷雾塔、水膜除尘等，高能湿式除尘器——文丘里除尘器。湿式除尘器也还有其他分类方法，这里不再赘述。

(3)过滤式除尘器。过滤式除尘器是含尘气体与过滤介质之间依靠惯性碰撞、扩散、截留、筛分等作用，实现气固分离的除尘设施。根据所采用过滤介质和结构形式的不同，可以分为袋式除尘器(又称布袋除尘器)、颗粒层除尘器等。

(4)电除尘器。利用高压电场产生的静电力，使粉尘从气流中分离出来的除尘设施称为静电除尘器，简称电除尘器。按照电除尘器的结构特点，可以有多种分类，本书按照集尘极的型式将其分为管式静电除尘器和板式静电除尘器。

此外，根据在除尘过程中是否用水或其他液体，还可将除尘器分为干式除尘器和湿式除尘器两大类。用水或液体使含尘气体中的粉尘或捕集到的粉尘是湿润状态的设施，称为湿式除尘器，如图 7-1 所示。把收集到的气体中的粉尘为干粉状态的设施，称为干式除尘器。

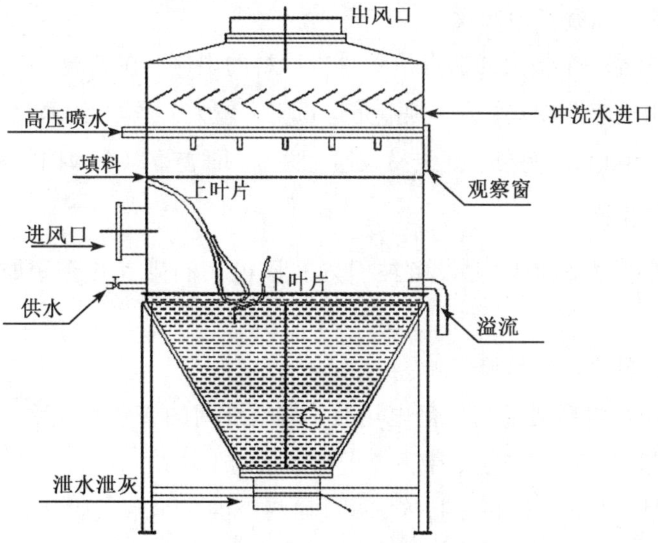

图 7-1 湿式除尘器原理图

在目前建设的火力发电厂中，除尘装置大多以静电除尘器和布袋除尘器为主。随着国家环保要求的提高和布袋除尘器的运用实践，现在又出现了使用“静电-布袋”联合除尘的电-袋复合式除尘技术。

三、布袋除尘器

布袋除尘器是一种干式除尘装置。

1.布袋除尘器的工作原理

滤袋采用纺织的滤布或非纺织的毡制成，其工作原理包括过滤和清灰两部分，如图 7-2 所示。过滤是指含尘气体中粉尘的惯性碰撞、重力沉降、扩散、拦截和静电效应等作用的结果。布袋过滤捕集粉尘是利用滤料进行表面过滤和内部深层过滤。清灰是指当滤袋表面的粉尘积聚达到阻力设定值时，清灰机构将清除滤袋表面烟尘，使除尘器保持过滤与清灰连续工作。它适用于捕集细小、干燥、非纤维性粉尘。

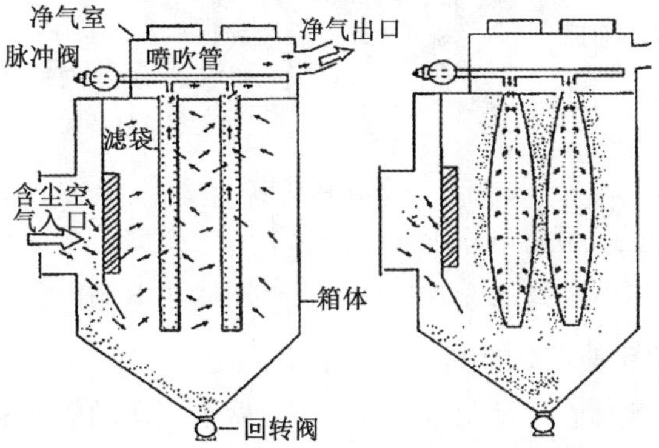

（a）过滤状态　　（b）清灰状态

图 7-2 袋式除尘器过滤和清灰状态示意图

2.布袋除尘器存在的问题

袋式除尘器一个最大的缺点是受滤袋材料的限制，在高温、高湿度、高腐蚀性气体环境中，除尘适应性较差。另一缺点是运行阻力较大，平均运行阻力在 1500 Pa 以上，有的甚至高达 2500 Pa。另外，滤袋易破损、脱落，旧袋难以有效回收利用。

四、电除尘器

电除尘器作为高效除尘设备被引入我国电力行业，并在短时间里得到了广泛的应用。

1.电除尘器的工作原理

烟气中灰尘尘粒通过高压静电场时，与电极间的正负离子和电子发生碰撞而荷电（或在离子扩散运动中荷电），带上电子和离子的尘粒在电场力的作用下向异性电极运动并积附在异性电极上，通过振打等方式使电极上的灰尘落入收集灰斗中，使通过电除尘器的烟气得到净化，达到保护大气和环境的目的。

2.电除尘器的分类和结构

电除尘器结构示意图如图 7-3 所示，电除尘器是由电晕电极、集（收）尘电极、气流分布装置、振打清灰装置、外壳和供电设备等部分组成的。

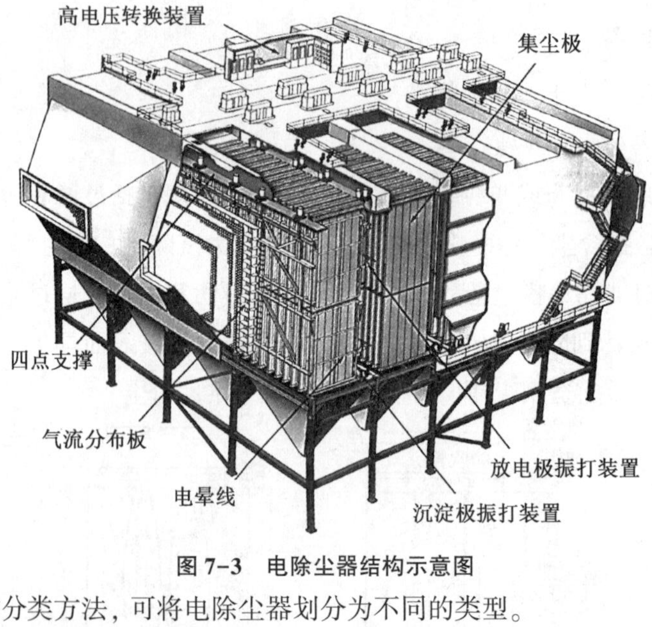

图 7-3　电除尘器结构示意图

采用不同的分类方法，可将电除尘器划分为不同的类型。

(1)按照气体在电场内的运动方向分类。按照气体在电场内的运动方向，可将电除尘器分为立式电除尘器和卧式电除尘器。

①立式电除尘器。气体在电除尘器内自下而上做垂直运动的电除尘器称立式电除尘器。这种电除尘器适用于气体流量小、除尘效率要求不高、粉尘性质易于捕集和安装场地较狭窄的情况，如图 7-4 所示。

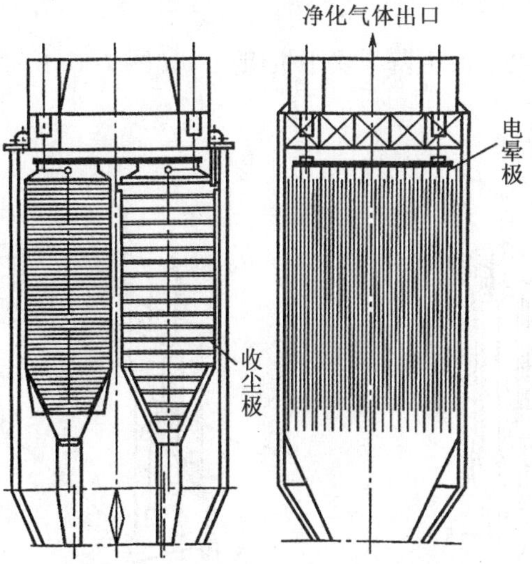

图 7-4 立式电除尘结构示意图

②卧式电除尘器。气体在电除尘器的电场内沿水平方向运动的电除尘器称为卧式电除尘器，如图 7-5 所示。

图 7-5 卧式电除尘器实物图

(2)按照电极清灰方式分类。按照电极清灰方式的不同，可将电除尘器分为干式电除尘器和湿式电除尘器。

①干式电除尘器。在干燥状态捕集烟气中的粉尘，沉积在收尘极上的粉尘借助机械振打清灰的电除尘器称干式电除尘器。

②湿式电除尘器。收尘极捕集的粉尘，采用水喷淋或其他适当的方法在收尘极表面形成一层水膜，使沉积在收尘极上的粉尘和水一起流到除尘器的下部排出，采用这种清灰方式的静电除尘器称湿式电除尘器。

(3)按收尘极的形式分类。按照收尘极的形式，可将电除尘器分为管式电除尘器和板式电除尘器，如图 7-6 所示。

①管式电除尘器。收尘极由一根或者一组呈圆形或六角形的管子组成。界面呈圆形或者星形的电晕线安装在管子中心，含尘气流自下而上从管子内通过，如图 7-6(a)

所示。

②板式电除尘器。收尘极由若干块平板组成，如图7-6(b)所示。板式电除尘器应用较为广泛。

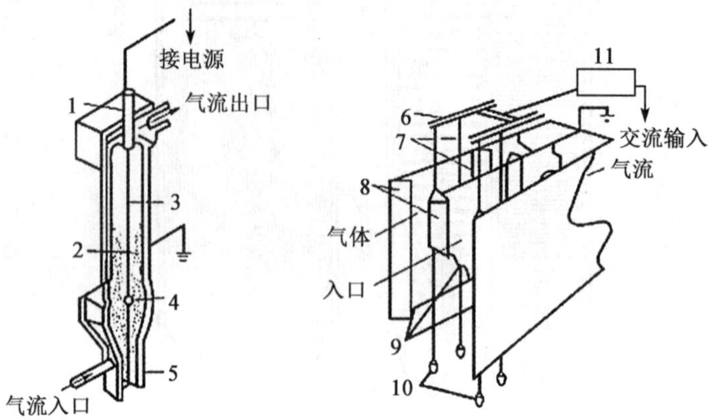

（a）管式电除尘器　　（b）板式电除尘器

图7-6　电除尘器结构示意图

1—绝缘瓶；2—集尘极表面上的粉尘；3—放电极；4—吊锤；5—捕集的粉尘；6—高压母线；7—电晕极；8—挡板；9—收尘挡板；10—重锤；11—高压电极

五、电-袋复合式除尘器

随着国家粉尘排放标准的提高，在燃煤电厂烟气除尘中，静电除尘器因其除尘率受粉尘性质的影响较大，难以保证长期、稳定、高效地运行。布袋除尘器由于不适于在高温状态下运行，当烟气中粉尘含水量超过25%时，粉尘易粘袋堵袋，造成布袋清灰困难、阻力升高。电-袋复合式除尘器结合了电除尘器及纯布袋除尘器两者的优点，是新一代除尘技术的体现。

1.电-袋复合式除尘器的工作原理

如图7-7所示，电-袋复合式除尘器是通过前级电除尘区捕集80%~90%的烟气粉尘，后级滤袋过滤区捕集少量的残余粉尘。同时，利用通过前级电场区产生的荷电粉尘，可有效改善沉积在滤袋表面粉尘层的过滤特性，使滤袋的透气性能、清灰性能得到大幅改善，从而达到低阻高效收尘的效果。此技术结合了电除尘和滤袋除尘的特点，除尘效率不受煤种、烟气工况、飞灰特性影响，排放浓度可以长期稳定在50 mg/Nm^3以下，甚至达到30 mg/Nm^3。

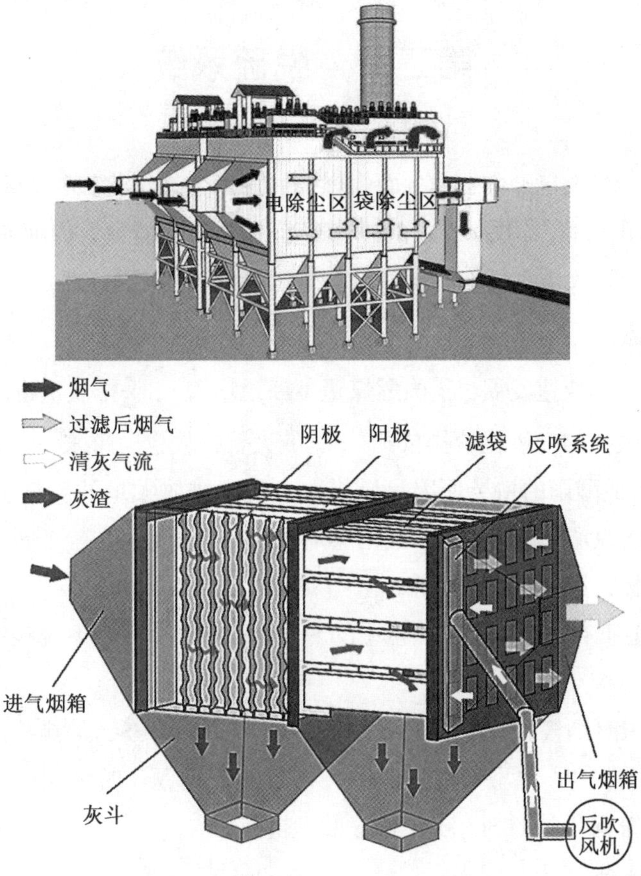

图 7-7　电-袋复合式除尘器示意图

2.电-袋复合式除尘器的优点

电-袋式复合除尘器是一种新型的除尘装置，它是电除尘器和袋式除尘器的有机结合，充分发挥了两种除尘器各自的优势。

(1)技术先进可靠。

(2)除尘效率不受粉尘特性影响，效率稳定，适应性强。

(3)结构紧凑。

(4)压降小，滤袋寿命长。

(5)对微细粉尘分级除尘效率高。电-袋复合除尘器的除尘效率可达99.9%以上。

(6)除尘费用低。在初投资上，电除尘单元只设一级电场；布袋涂尘单元中，所需滤袋少。在运行费用上，由于其阻力小、能耗低、滤袋使用寿命长，所以总的运行费用比同容量的电除尘器和布袋除尘器都低。

第二节　脱硫系统

我国是以煤为主要能源的国家，而煤燃烧后会产生二氧化硫、氮氧化物等有害物质，它们对生态环境的破坏作用及造成的巨大经济损失毋庸置疑。如何有效地减少燃煤中 SO_2 和氮氧化物的排放是我国能源与环保领域亟待解决的问题。

一、脱硫的意义

随着国民经济的快速发展，我国燃煤量不断地增多，SO_2排放量也随之不断增多，目前基本成为世界最大的二氧化硫排放国。SO_2的大量排放也会带来一系列的问题。

（1）酸雨。形成酸雨的主要原因是燃煤向大气中排放大量的硫氧化物和氮氧化物等酸性气体，其中以 SO_2 的危害最大。酸雨会对人类产生最直接、最严重的危害，如它会造成设备腐蚀、森林毁坏、环境恶化等。

（2）对人身健康有危害。大气环境中的 SO_2会引起人体呼吸系统疾病，严重时甚至会导致死亡。

近年来，国家对烟气脱硫的要求更高、更急，对烟气中 SO_2的排放标准更严，这就更加迫切地要求火力发电厂尽快解决烟气中 SO_2的脱除问题。现在，国内发电机组大多采用了脱硫技术以确保排放的 SO_2浓度和总量不超标。

二、脱硫的方法

目前控制 SO_2排放的技术通常可分为以下三类。

（1）燃烧前脱硫。它是通过各种方法将燃气净化，去除燃气中所含的硫分、灰分等污染杂质。

（2）燃烧中脱硫。它是在燃气燃烧过程中加入石灰石或白云石粉作为脱硫剂，$CaCO_3$和 $MgCO_3$加热分解成 CaO 和 MgO 后，和烟气中的 SO_2反应生成硫酸盐，随灰分排出。

（3）燃烧后烟气脱硫。燃烧后烟气脱硫即烟气脱硫。所谓烟气脱硫就是应用化学或者物理的方法将烟气中的 SO_2 予以固定或脱除。按照脱硫方式和产物的处理形式划分，烟气脱硫的技术又可分为干法烟气脱硫技术、半干法烟气脱硫技术和湿法烟气脱硫技术三类。

①干法烟气脱硫技术，即脱硫吸收和产物处理均在干状态下进行。该方法具有无污水和废酸排出，设备腐蚀小，烟气在脱硫过程中无明显温降，净化后烟温高，利用烟囱排气扩散等优点。

②湿法烟气脱硫技术，液体或浆状吸收剂在湿状态下脱硫和处理脱硫产物。该法具有脱硫反应速度快、脱硫效率高等优点。但湿法烟气脱硫工艺存在投资和设备运行费用

都很高、脱硫后产物处理较难、易造成二次污染、启停不便、腐蚀积垢等问题。

③半干法烟气脱硫技术。该方法同时具有干法烟气脱硫技术和湿法烟气脱硫技术的特点，是脱硫剂在干燥状态下脱硫，在湿状态下再生，或者在湿状态下脱硫，在干状态下处理脱硫产物（如喷雾干燥法）的烟气脱硫技术。

目前我国电厂应用石灰石浆液洗涤湿法脱硫技术（FGD）较多，此技术也是当今世界上唯一最大规模商业化应用的脱硫技术，是控制 SO_2最行之有效的途径。

三、湿法烟气脱硫系统的设备组成

石灰石湿法烟气脱硫系统图如图 7-8 所示，整个系统工艺由烟气系统（引风机）、SO_2吸收系统（脱硫吸收塔）、石灰石浆液制备及供应系统、石膏脱水系统、工艺水及设备冷却水系统、压缩空气系统、脱硫废水处理系统等组成。

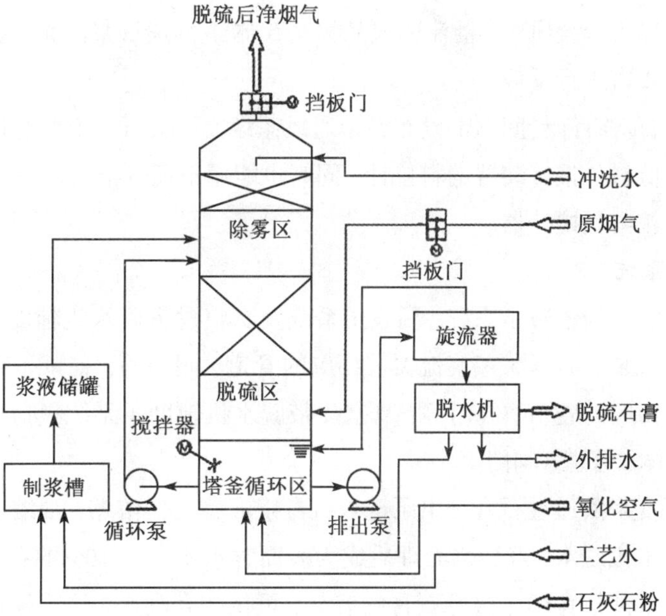

图 7-8　石灰石湿法烟气脱硫系统图

1.烟气系统

引风机把烟气直接引入脱硫吸收塔，烟气经脱硫后，吸收塔出口烟气直接进入烟囱排放。

2.SO_2吸收系统

吸收塔目前有多种形式，对石灰石湿法烟气脱硫技术，吸收塔的选型是十分重要的。目前，按使用形式分类，吸收塔有格栅填料塔、鼓泡塔、液柱喷淋塔、空塔等。广义来说，喷淋塔也属于空塔。从目前收集到的资料看，国内外目前使用的吸收塔属于空塔类型的居多。

吸收塔再循环系统包括浆液循环泵、管道系统、喷淋组件及喷嘴。每台吸收塔根据喷淋层数配备相应台数的浆液循环泵。运行的浆液循环泵的数量根据锅炉负荷的变化和对吸收浆液流量的要求来确定，以达到要求的吸收效率。

吸收塔设两级除雾器，布置于吸收塔顶部最后一层组件的上部。烟气穿过再循环浆液喷淋层后，再连续流经两层除雾器除去所含浆液雾滴。除雾器设有清洗系统间断运行，采用自动控制。

每套FGD装置各设2台氧化风机，1台运行，1台备用。每台吸收塔配2台石膏排浆泵，将浆液送至石膏脱水系统。

3.石灰石浆液制备及供应系统

脱硫用吸收剂为石灰石，用卡车或其他方式将石灰石(粒径小于20 mm)送入卸料斗后，经给料机、斗式提升机和仓顶石灰石输送机送至石灰石仓内，再由称重给料机送到湿式钢球磨煤机内磨制成浆液。石灰石浆液用泵输送到石灰石浆液旋流器经分离后，大尺寸物料返回磨煤机继续研磨。溢流的成品物料存储于石灰石浆液箱中，然后经石灰石浆液泵输送至吸收塔进行反应。

石灰石仓和石灰石卸料间顶部设有除尘通风系统。石灰石仓上配有用来确定容积的连续料位计和高低料位报警装置的料位计，同时也能用于远方指示。

石灰石浆液箱内设搅拌器。

4.石膏脱水系统

石膏脱水系统分为浓浆子系统、稀浆子系统及真空皮带脱水机辅助子系统。浓浆子系统包括石膏排浆泵和石膏浆液旋流器及相应的管道、阀门等；稀浆子系统包括回流水箱、回流水泵及相应的管道、阀门等；真空皮带脱水机辅助子系统包括真空皮带脱水机及相应的泵、箱体、管道、阀门等。

吸收塔的石膏浆液通过石膏排出泵送入石膏浆液旋流器浓缩，浓缩后的石膏浆液自流至真空皮带脱水机脱水，经脱水处理后成为表面含水率小于10%的石膏，落入石膏堆料间存放待运，用密封自卸车进行石膏的装载，可供综合利用。该工程石膏浆液旋流器的溢流水、真空皮带脱水机辅助系统的滤液均进入回流水箱，大部分滤液经回流水泵返回吸收塔，小部分浆液通过废水泵输送至脱硫废水处理系统。

石膏脱水系统设置真空皮带脱水机，每台真空皮带脱水机配置水环式真空泵、汽液分离器、滤布冲洗设备。经真空过滤后含水量约为10%的石膏，落入石膏堆料间中储存。

5.工艺水系统

脱硫用水包括工艺水和设备冷却水。

6.压缩空气系统

脱硫岛所需的仪用和杂用压缩空气气源来自除灰压缩空气系统。脱硫岛内设仪用压缩空气储气罐。

仪用压缩空气用于脱硫装置所有气动操作的仪表和控制装置，如CEMS用气，真空皮带脱水机的纠偏用气。石灰石储仓顶部的除尘器用气。杂用压缩空气用于检修用气。

四、湿法烟气脱硫系统的工作过程

烟气经引风机进入与脱硫吸收塔相连的烟道，烟气在温度小于 140 ℃时进入 FGD 系统，在脱硫吸收塔内，烟气自下向上流动，与从塔上部的离心喷嘴喷淋而下的石灰石浆液逆向充分接触混合(接触反应时间为 2~5 s)，并发生化学反应，烟气中的 SO_2被去除。化学反应式如下

$$SO_2+Ca(OH)_2 \longrightarrow CaSO_3+H_2O$$

$$SO_3+Ca(OH)_2 \longrightarrow CaSO_4+H_2O$$

净化后的烟气，经两级除雾器(吸收塔顶折板形规整填料除雾器和排气筒底部旋流板除雾器)将液滴分离干净，符合《火电厂大气污染物排放标准》(GB 13223—2011)后从排气筒排空。

脱硫反应物进入 FGD 吸收塔下部贮浆池，用空气鼓泡(空气压力为 0.005～0.086 MPa，流量按 $SO_2:O_2=1:1$ 控制)进行氧化反应。化学反应式如下

$$CaSO_3+\frac{1}{2}O_2 \longrightarrow CaSO_4$$

经空气氧化后形成石膏浆液，由石膏液泵排出，在水力旋分器中进行初步脱水。切向进入水力旋分器的石膏悬浮液产生离心运动，重的固体微粒抛向旋分器壁，并向下流动形成石膏稠液进入真空带滤机进一步脱水后，石膏被送出装置。清液从旋分器的中心管向上流动，进入新脱硫液配置系统。

根据脱硫氧化池中脱硫浆液的 pH 值分析表(pH 值小于 5.8 且不小于 5.4)控制新脱硫剂添加量。

第三节　脱硝系统

一、脱硝的目的

烟气中的氮氧化物是由一氧化氮和二氧化氮组成的，其中一氧化氮的含量大约占氮氧化物的 90%。当氮氧化物排入环境后，经光化学作用被氧化成二氧化氮。二氧化氮不但是形成酸雨的主要因素，也是空气的重要污染物。因此烟气脱硝排放是改善空气质量的重要手段。因为一氧化氮既不易溶于水，又不与碱性溶液起反应，所以一般的湿式除尘器是不能起到脱硝作用的。烟气脱硝技术主要是通过改善燃烧状态和烟气尾端治理技术来实现的。改善燃烧状态主要是采用低温燃烧技术和烟气再循环的低氧燃烧技术。这里主要介绍低氧燃烧技术和烟气尾端治理技术。

二、脱硝的方法

1.低氧燃烧技术

在燃烧过程中，氮氧化物由燃料中的有机氮和空气中的氧气经氧化燃烧而形成。在煤、气、油燃料中，煤的含氮量最高，而改变燃烧方式能解决空气中氧气氧化问题，在以气、油为燃料的锅炉中可起到更明显的效果。从反应式可见，降低燃烧过程氮氧化物产生量的主要途径，是降低燃烧温度和在不影响燃烧条件的情况下降低空气中氧含量。低氧燃烧技术就是降低空气中氧含量的一门燃烧控制技术。改善锅炉的结构可提高锅炉的燃烧效率，从而降低氧含量的指标。所以低氧燃烧技术是一项综合治理技术，需要高效率燃烧器技术的支持。这种技术常常在大型锅炉中运用。

2. 烟气尾端治理技术

烟气尾端治理技术以 NO_x 还原技术为主导地位，其 NO_x 还原技术可分为两大类：选择性催化还原技术 SCR 和选择性非催化还原技术 SNCR。

三、SCR 脱硝

SCR 技术是向温度为 300~420 ℃的烟气中喷入还原剂 NH_3，在催化剂的作用下，将烟气中的 NO 还原生成 N_2 和 H_2O。SCR 脱销装置一般采用高含尘布置，即布置在锅炉省煤器与空气预热器之间。

1.SCR 脱硝系统的设备组成

脱硝系统包括烟气系统，SCR 反应器，氨的空气稀释和喷射系统，烟气取样系统，冷却水系统，催化剂，仪表压缩空气系统，液氨的存储，卸料，蒸发系统，其他由主系统接出的水、蒸汽等辅助系统。

（1）烟气系统。它是指从锅炉尾部低温省煤器下部引出口至 SCR 反应器本体入口、SCR 反应器本体出口至回转式空气预热器入口之间的连接烟道。

（2）SCR 反应器。SCR 反应器中烟气竖直向下流动，反应器入口有气流均布装置。反应器内部各类加强板、支架等不易积灰，同时能自由热膨胀。

（3）催化剂。反应器内催化剂层安装两层，并预留一层设计。催化剂的型式采用蜂窝式。

（4）氨的空气稀释和喷射系统。由氨、空气混合系统来的混合气体喷入位于烟道内的涡流混合器处，在注入涡流混合器前将设手动调节阀，在系统投运时可根据烟道进出口检测出的 NO_x 浓度来调节氨的分配量，调节结束后可基本不再调整。

(5)烟气取样系统。原烟气取样风机从喷氨点前的烟道抽取原烟气，经风机后注入反应器出口；净烟气取样风机从反应器出口烟道抽取净烟气，经风机后注入反应器出口烟道。位于烟道抽取烟气处的管道都设置了过滤元件以过滤烟气中的烟尘，在每台风机抽取烟气入口管道上安装有 NO_2及 O_2分析仪。

(6)冷却水系统。烟气取样风机轴承冷却采用锅炉房区域闭式冷却水，排水至闭式水回水管。氨站区卸料压缩机冷却水取自工业水，排水至氨区地坑。

(7)仪表压缩空气系统。锅炉房区域仪表用气就近取自锅炉房区域仪表用压缩空气母管，氨站区域仪表用压缩空气取自厂区仪表用压缩空气管道，在氨站区域设置压缩空气储罐稳压。

(8)液氨存储、卸料、蒸发系统。该系统包括液氨卸料压缩机、储氨罐、液氨蒸发槽、氨气缓冲槽稀释风机、混合器、氨气稀释槽、废水泵、废水池等。该系统提供氨气供脱硝反应使用。液氨的供应由液氨槽车运送，利用液氨卸料压缩机将液氨由槽车输入储氨罐内，将储槽中的液氨输送到液氨蒸发槽内蒸发为氨气，经氨气缓冲槽来控制一定的压力及其流量，然后与稀释空气在混合器中混合均匀，再送达脱硝系统。氨气系统紧急排放的氨气则排入氨气稀释槽中，经水的吸收排入废水池，再经由废水泵送至废水处理厂处理。

2.SCR 脱硝的工作过程

SCR 脱硝是将气氨在氨/空气混合器中与空气混合成含氨 5%的脱硝剂(避开气氨在空气中的爆炸极限：15%~28%)，在省煤器前烟道中通过喷嘴与烟气(370~400 ℃，空速 5.4 m/s)充分混合，通过 SCR 催化剂段(选用 $V_2O_5-WO_3/TiO_2$系列蜂窝式模块催化剂，在催化剂段中分前后三层铺装，逐层定期更换；催化剂段装设蒸汽清洁反吹装置)，有化学反应

$$4NO+4NH_3+O_2 \longrightarrow 4N_2+6H_2O$$

$$6NO_2+8NH_3 \longrightarrow 7N_2+12H_2O$$

在脱硝剂喷嘴前设 NO_x，O_2分析表与温度监测，催化剂段烟气出口设 NO_x，O_2，NH_3分析表，调整控制脱硝剂加入量，保证烟气在 370 ℃以上时，开启脱硝剂加入操作。保证脱硝后烟气脱硝率为 90%，同时控制氨逃逸量小于 5×10^{-6}，且 SO_2/SO_3转化率不大于 0.75%。

SCR 催化剂段烟气出口烟气通过后半段省煤器、空气预热器回收热能(温度降至 200 ℃)后，经过袋式除尘器除尘，由引风机送往烟气再脱硫系统。

四、SNCR 脱硝

SNCR 脱硝技术是在没有催化剂作用下，向 820~1150 ℃高温烟气中喷射氨或尿素等还原剂，还原剂与烟气中的 NO_x 反应生成 N_2 和 H_2O。对于一般大型煤粉锅炉，SNCR

脱硝适合的温度区间在锅炉的折焰角附近，CFB 锅炉则在旋风分离器进口。

1.SNCR 脱硝系统的设备组成

按照工艺流程，SNCR 脱硝系统由尿素溶液制备系统、尿素溶液稀释与计量系统、尿素溶液分配系统、喷射系统等组成。

（1）尿素溶液制备系统。运送至现场的袋装颗粒尿素储存在尿素储存间中，经电动葫芦吊装送入尿素溶解罐，并与尿素溶解罐中按比例补充的新鲜除盐水充分溶解，配制成 50%（质量分数）浓度的尿素溶液。溶解罐中除盐水通过蒸汽加热维持在 40~50 ℃，溶解罐中设置有搅拌器。溶解罐中的尿素溶液通过尿素溶液泵送入尿素溶液储罐。在溶解罐中，用除盐水将尿素颗粒溶解，制成 50%（质量分数）浓度的尿素溶液。溶解罐上设置温度开关，当尿素溶液温度过低时，蒸汽加热系统启动，使溶液的温度自动保持在合理的温度范围，防止温度过低出现尿素溶液结晶现象。

（2）尿素溶液稀释与计量系统。通过尿素溶液循环泵输送至锅炉区域的尿素溶液在本系统中进行稀释及尿素溶液计量，根据锅炉负荷调节尿素溶液供应量，多余尿素溶液通过环形回路返回尿素溶液储罐。稀释水设置两台稀释水泵，入口设置压力调节阀，以保证入口稀释水压力变化，泵的出口压力也保持恒定，从而保证喷枪入口的尿素溶液压力达到要求的喷射效果。

稀释水泵出口的两支稀释水管路分别与尿素供液泵出来的两支尿素溶液管路连接，混合后配置成浓度约为 10%（质量分数）的尿素溶液输送至锅炉区域。

尿素溶液稀释与计量系统通过尿素溶液线和稀释水线的流量控制阀和手动阀门、压力调节阀自动调节进入每个锅炉注入区域的尿素溶液浓度和流量，以响应烟气中 NO 的浓度、锅炉负荷及燃料量的变化。

尿素溶液稀释与计量系统设计应同时考虑 SNCR 系统停运时需要冲洗尿素溶液管路的要求，防止尿素结晶造成管道堵塞。

（3）尿素溶液分配系统。尿素溶液通过稀释与计量之后进入分配系统，由分配系统分配到各层 SNCR 喷枪区域，并根据运行需要，对不同需要控制区域 SNCR 喷枪分别进行流量分配，每支管道上设置电动控制阀、流量调节阀、流量计、就地压力表及压力变送器等。

（4）喷射系统。锅炉在不同负荷下，应选择烟气温度处在最佳反应区间的喷射区喷射还原剂。喷射区域的位置和喷枪的设置通过对炉膛内温度场、烟气流场、还原剂喷射流场、化学反应过程精确的模拟结果而定。

2.SNCR 脱硝的工作过程

SNCR 脱硝是将 25%氨水的脱硝剂由泵提压，经雾化喷嘴（选用碳化硅材质的 BETE ST 系列螺旋离心喷嘴）喷入锅炉炉膛与旋风除尘器进口间烟道中，烟气充分混合，进行初步脱硝，化学反应式为

$$4NO+4NH_3+O_2 \longrightarrow 4N_2+6H_2O$$

在脱硝剂喷嘴前烟道中设 NO_x，O_2分析表与温度监测，调整控制脱硝剂加入量，保证烟气在(950±50)℃时，开启脱硝剂加入操作。保证烟气脱硝率在30%，同时使烟气中飞灰的湿度不增加，并减少过量氨与高温时烟气中产生的 SO_3生成$(NH_4)_2SO_4$，以免造成蒸汽过热器换热管翅片堵塞和材料腐蚀。

3.SNCR 运行过程中可能遇到的问题

(1)氨逃逸问题。

①氨喷射器位置布置得不合理及喷射深度、宽度调整得不合理会造成氨逃逸量过大。

②非 SNCR 反应区氨逃逸的增加，会造成氨氧化生成 NO_x，导致最终的排烟 NO_x 上升，并且过多的氨逃逸也会对环境造成污染。

因此，在运行过程中，要十分重视喷氨量和氨喷射器调整的问题。根据负荷的变化，合理地调整氨喷射器及氨含量，以最小的氨氮比来达到最大的脱硝效果，在减排的基础上做到节能。

(2)SNCR 喷口处受热面腐蚀的问题。通过对一些已经投入使用的煤粉炉 SNCR 脱硝系统的大小炉内检查发现，SNCR 氨喷射器喷口处及氨喷射器附近受热面有不同程度的腐蚀问题，这些问题产生的直接原因是喷口位置选择不够合理、还原剂炉内喷射深度和宽度不合理。解决受热面腐蚀问题要注意以下几点。

①在锅炉效率影响允许范围内适当降低喷射还原剂的浓度，以减弱还原剂在化学反应过程中对受热面的腐蚀强度。

②加装耐腐蚀金属片，以保护受腐蚀的受热面。

③合理布置喷口位置，使其尽量分布在无受热面及受热面稀少区域。

④结合炉内流场合理控制喷射深度和宽度。

五、SNCR 与 SCR 两种脱硝技术综合比较

SNCR 与 SCR 两种脱硝技术综合比较如表 7-1 所列。从表 7-1 不难看出，无论是工程投资费用，还是每年运行费用，SNCR 都要比 SCR 少得多，可为电厂带来较好的经济效益。SNCR 在 CFB 锅炉上的脱硝能力也完全能够达到国家规定的电站锅炉 NO_x排放标准。同时，对老机组中的 CFB 锅炉进行脱硝改造时，利用 SNCR 技术可以避免空气预热器、引风机及省煤器等方面的改造，工程量相对较小，工期短。

综上所述，SNCR 脱硝技术对于 CFB 锅炉来说具有较大的优势，它非常适用于 CFB 锅炉的新建机组和老机组改造。

表 7-1　SNCR 与 SCR 两种脱硝技术综合比较

序号	项目	SCR	SNCR
1	脱硝效率	约 90%	50%~60%
2	氨逃逸/10^{-6}	3~5	10~15
3	SO_2/SO_3转化率	1%	无
4	压降/Pa	1000	无
5	对燃料的敏感度	高灰分磨耗催化剂：碱金属氧化物钝化催化剂	无
6	钢架和烟道影响	要求改变钢架结构，对烟道强度要求高	无
7	风机要求	平衡通风或强制通风锅炉需要更大的风机	无
8	空气预热器	需要加装脱硝空气预热器	普通空气预热器
9	工程投资费用/万元	6000	3000
10	每年运行费用/万元	2000	1350

第八章　循环流化床锅炉

【知识目标】

(1)掌握循环流化床锅炉的基本结构和工作原理。

(2)掌握循环流化床锅炉的物料循环系统的设备组成及工作过程。

(3)了解循环流化床锅炉的发展历史。

(4)了解循环流化床锅炉的特点及类型。

(5)熟悉循环流化床锅炉运行的常见问题及注意事项。

【能力目标】

(1)能正确识读循环流化床锅炉的相关设备，能正确叙述循环流化床锅炉的工作原理。

(2)能正确认识循环流化床锅炉物料循环系统相关设备，能正确叙述其工作过程。

(3)能正确叙述循环流化床锅炉的优缺点。

(4)能正确找出循环流化床锅炉运行中出现的问题，并能采取有效措施解决。

(5)能在仿真机上正确独立地进行循环流化床锅炉的运行和调节。

第一节　循环流化床锅炉的发展

能源与环境的协调发展是当今社会的主要问题。我国是石油资源相对贫乏但煤炭资源相对丰富的国家。石油和天然气对我国来说是战略资源，要尽量减少直接燃用，以免造成不必要的浪费。目前，我国一次能源消耗中，煤炭占60%以上，可见发展高效、低污染的清洁燃烧技术是当前亟待解决的问题。

循环流化床的英文名称是 Circulating fluidized bed，缩写为 CFB，因此在很多场合，把循环流化床锅炉简称为 CFB 锅炉。循环流化床技术是近年来在国际上发展起来的新一代高效、低污染清洁燃烧技术，具有许多其他燃烧方式所没有的优点。

(1)有利于保护环境。循环流化床的燃烧方式属于低温燃烧，氮氧化物排放远低于煤粉炉，还可实现燃烧过程中直接脱硫。

(2)燃料适应性广，燃烧效率高，特别适合于低热值劣质煤。

(3)排出的灰渣活性好，易于实现综合利用。

(4)负荷调节范围大，负荷可降到满负荷的30%左右。

目前，我国环保要求日益严格，煤种变化和电厂负荷调节范围较大，促使循环流化床技术已经成为电厂优选的技术之一。

一、循环流化床燃烧技术发展概况

20世纪80年代，德国鲁奇公司首先取得了循环流化床装置的专利，并研究开发出当时世界上最大的270 t/h循环流化床锅炉，由此引发出了全世界循环流化床的开发热潮。此后，美国、法国和英国等发达国家也开始研究及应用流化床技术，加快了该技术的不断发展。

我国循环流化床燃烧技术开始于20世纪80年代，中国科学院工程热物理研究所率先在这方面开展了研究工作。1988年，我国生产的第一台10 t/h循环流化床工业锅炉通过新产品鉴定。到目前为止，我国已经有千台以上循环流化床锅炉投入运行或正在建造之中，100 MW级别的循环流化床锅炉已经运行多年。

随着国家环境政策的日趋严格，地方小火电厂的煤粉炉将逐渐被淘汰，取而代之的都将是循环流化床锅炉。国内电力系统的一些大电厂也开始对循环流化床技术产生兴趣，一大批大型的循环流化床锅炉正在建设中。可见，该循环流化床炉型很快就要在大电厂中占据重要地位。

二、循环流化床技术的发展方向

1.整体式全冷却紧凑型分离器循环流化床锅炉

整体式全冷却紧凑型分离器循环流化床锅炉的特点：分离器为蒸汽/水冷却的全膜式壁结构，炉膛和分离器成为一个整体，炉膛和分离器之间没有膨胀节，如图8-1所示。其突出的优点是：①结构紧凑，占地空间小；②减少钢材用量，重量轻；③减少了维修工作量，提高了可靠性。

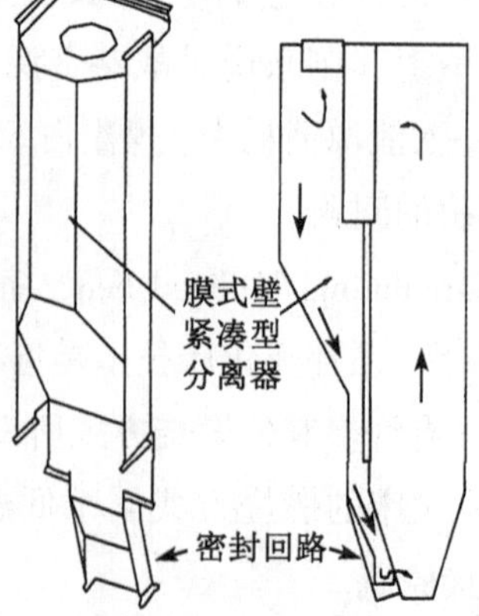

图8-1　整体式全冷却紧凑型分离器CFB

2.模块化设计、制造和安装 CFB 锅炉

模块化设计、制造和安装 CFB 锅炉，可保证制造、安装质量，保证工期，是当前国内外推广和通用的方法，如图 8-2 和图 8-3 所示。

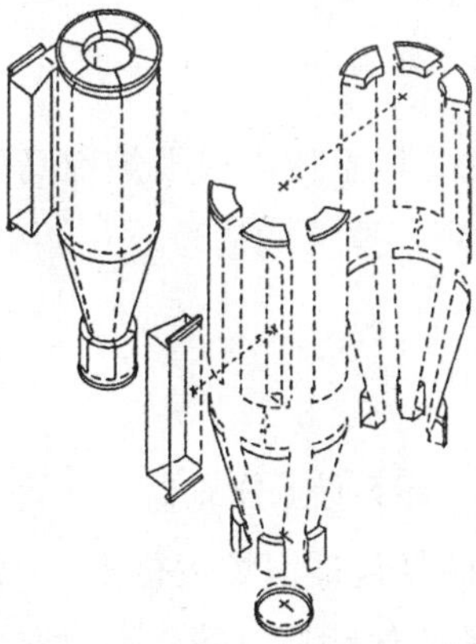

图 8-2　水冷旋风筒分离器的模块化设计

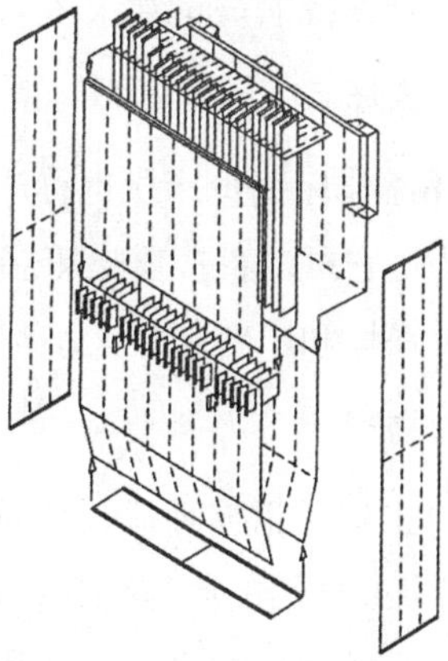

图 8-3　炉膛受热面屏的模块化设计

3.生物质 CFB

循环流化床技术以其燃料灵活性的特点，特别适合燃烧、混烧、气化生物质。发达国家已经在这方面取得了丰富的经验。这些经验对于充分发挥循环流化床的优势，实现 CO_2减排等具有一定的指导作用，值得我们借鉴。

循环流化床技术虽然在世界各地及我国得到了快速发展，但是仍属于正在发展中的一种新的洁净煤燃烧技术，无论是锅炉本体还是配套辅机和系统，都不可能像具有悠久历史、在电力行业中居统治地位的煤粉锅炉那样成熟。其在投运初期就暴露出各种各样的问题，有些问题比较严重，带有普遍性，亟待解决。

第二节　循环流化床锅炉的相关概念

一、床料

循环流化床锅炉启动前铺设在布风板上的具有一定厚度、符合一定粒度分布要求的固体颗粒，称为床料，也称为点火底料。床料一般为经过筛分的底渣或者砂子，静止床料层的厚度一般为 350~600 mm。床料作用有以下几点。

(1)在循环流化床锅炉启动点火阶段，炉膛布风板上及回料器处均需以启动床料进行平铺和填充，以建立最初的物料循环。

(2)当循环流化床锅炉运行过程中出现床温过高，在采取增大排渣量措施的同时，可通过调整和添加适当粒度的床料来进行有效控制，因此启动床料也可作为调整和控制

循环流化床锅炉床温的一个辅助手段。

(3)不同的循环流化床锅炉，其循环倍率和床压则是相对固定的，一般情况下当燃料的灰分小于15%，则锅炉在运行中很难维持稳定燃烧，故需在锅炉运行过程中及时添加床料，以维持锅炉正常床压。

二、床压

循环流化床锅炉床压也称床层压差，即布风板下水冷风室压力或沿炉膛高度布置的差压测点。它可以直接反映床层厚度的变化，作为监视料层厚度的信号。一次风量、排渣量、煤质好坏和床料颗粒大小都能改变床压。

三、物料

物料主要是指循环流化床锅炉运行中，在炉膛及循环系统(分离器、立管、送灰器等)内燃烧或载热的固体颗粒。它不仅包括床料成分，而且包括锅炉运行中给入的燃料、脱硫剂、返送回来的飞灰，以及燃料燃烧后产生的其他固体物质。分离器捕捉分离的通过回料阀返送回炉膛的物料叫循环物料，而未被捕捉的细小颗粒一般称作飞灰。炉床下部排出的较大颗粒叫炉渣，也称大渣。因此飞灰和炉渣是炉内物料的废料。

四、燃料颗粒

1.燃料筛分

燃料筛分一般是指燃料颗粒粒径的范围。如果燃料颗粒粒径范围较大，称宽筛分；粒径范围较小，称窄筛分。宽筛分和窄筛分是相对而言的，燃料的筛分对锅炉运行的影响很大。

一般来说，一旦锅炉确定，其燃料筛分基本也就确定了，而当煤种变化时其筛分也有所变化。通常，对于挥发分较高的煤，粒径允许范围较大，筛分较宽；对于挥发分较低的无烟煤、煤矸石，一般要求粒径较小，相对筛分较窄。目前国内运行的循环流化床锅炉，其燃料粒径要求一般在0.1~15 mm。

2.颗粒堆积密度与颗粒真实密度

将固体颗粒不加任何约束自然堆放时单位体积的质量称为颗粒堆积密度。单个颗粒的质量与其体积的比值称为颗粒真实密度。

3.空隙率

固体颗粒自然堆放时，颗粒之间空隙占颗粒堆放总体积的份额称为空隙率，也称固定床空隙率。在颗粒浓度很高的流化床气固两相流系统中，气相所占体积与两相流总体之比，称床层空隙率或流化床空隙率。

4.燃料粒比度

燃煤循环流化床锅炉，不仅对入炉煤的筛分有一定的要求，而且对各粒径的煤颗粒占总量的百分比也有一定要求。例如，某台220 t/h中循环流化床锅炉燃用劣质烟煤，筛分为 0~10 mm，其中直径小于 1 mm 的颗粒占 60%左右，1.1~8 mm 的颗粒占 30%左右，8~10 mm 占 10%左右。各粒径的颗粒占总量的份额之比称为粒比度。因此，这台 220 t/h 锅炉燃料的粒比度就为 60∶30∶10。

五、临界流化速度

通常将床层从固定状态转变到流化状态（或者沸腾状态）时，按照布风板面积计算的空气流速称为临界流化风速。燃煤流化床锅炉正常运行的流化速度均要大于临界流化速度。临界流化速度不仅与固体颗粒的粒度和密度有关，还与流化气体的物性参数（密度和黏度）有关。因此，在锅炉运行中，当床温变化时，气体的密度和黏度都发生变化，临界流化速度也会发生变化；在其他条件不变时，颗粒粒径增大或者颗粒密度增大时，临界流化速度也会增大。

六、颗粒终端速度

固体颗粒在流体中下落时，共受到三个力的作用，即重力、浮力和摩擦阻力。当固体颗粒在静止空气中做初速度为零的自由降落时，由于重力的作用，下降速度逐渐增大，同时阻力也逐渐增大。当速度增加到一定值时，颗粒受到的阻力、重力和浮力达到平衡，颗粒以等速运动，这个速度称为颗粒的终端速度。

七、物料循环倍率

循环流化床锅炉存在一个物料循环闭路，由炉膛、分离器及回料器及其管路组成，如图 8-4 所示。物料循环倍率是指由分离器捕捉下来且返送回炉内的物料量与给进的燃料量之比。在循环流化床锅炉中，循环物料量受到很多因素的影响，主要有燃料颗粒特性、一次风量、分离器效率和回料系统等。

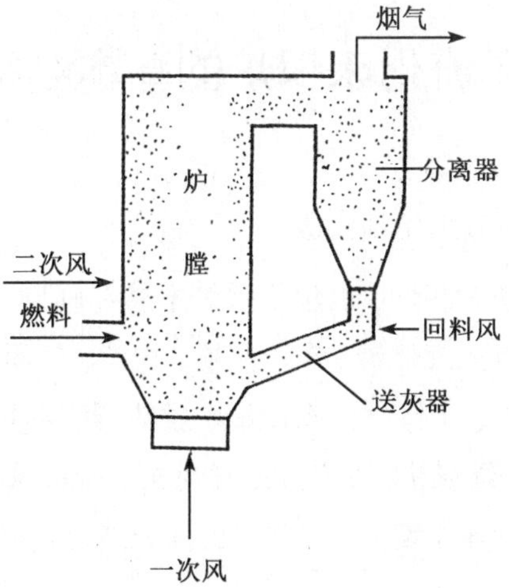

图 8-4　循环流化床锅炉原理示意图

1.燃料颗粒特性

在运行中，燃料的颗粒特性变化对循环物料量的多少有影响。当入炉煤的颗粒变粗且所占比例较大(与设计值比)时，在一次风量不变的情况下，炉膛上部的物料浓度将会降低，所造成的结果与一次风量过小时造成的结果一样。

2.一次风量

一次风量的大小，会影响到循环物料量。如果一次风量较小，炉内物料的流化状态将发生改变，燃烧室上部物料浓度降低，进入分离器的物料量也会减少。这样不仅影响分离器的分离效率，还会降低分离器的捕捉量，返料量也自然减少。

3.分离器效率

如果燃料的颗粒特性符合要求，一次风量也达到设计条件，但是物料分离器效率降低，将会使返料量减少。

4.回料系统

回料系统对返送量的影响主要取决于回料阀的运行状况，回料阀内结焦、堵塞及回料风压力过低都将使循环倍率减小。因此，在锅炉运行中不应忽视对回料系统的监视、检查和调整。

八、夹带和扬析

夹带和扬析是两个不同的概念。夹带一般是指在单一颗粒或者多组分系统中，气流从床层中携带走固体颗粒的现象。扬析一般是指当气流穿过由宽筛分床料组成的流化床层时，一些终端速度小于床层表观速度的细颗粒将陆续从气固两相混合物中被分离出去并被带走的现象。换句话说，扬析是指从床层中有选择性地携带出一定量细颗粒的过程。

第三节　循环流化床锅炉的基本结构及工作过程

一、循环流化床锅炉的基本结构构成

循环流化床锅炉与煤粉炉相同，也包括锅炉本体和辅助设备，如图 8-5 所示。循环流化床锅炉本体主要包括点火燃烧器、布风装置、炉膛、气固分离器、物料回送装置，以及布有受热面的烟道、汽包、下降管、水冷壁、过热器、再热器、省煤器和空气预热器等；辅助设备包括碎煤机、给煤机、引风机、送风机、返料风机、冷渣器、除尘器及烟囱等。一些循环流化床锅炉还有外置热交换器，也称为外置式冷灰床。

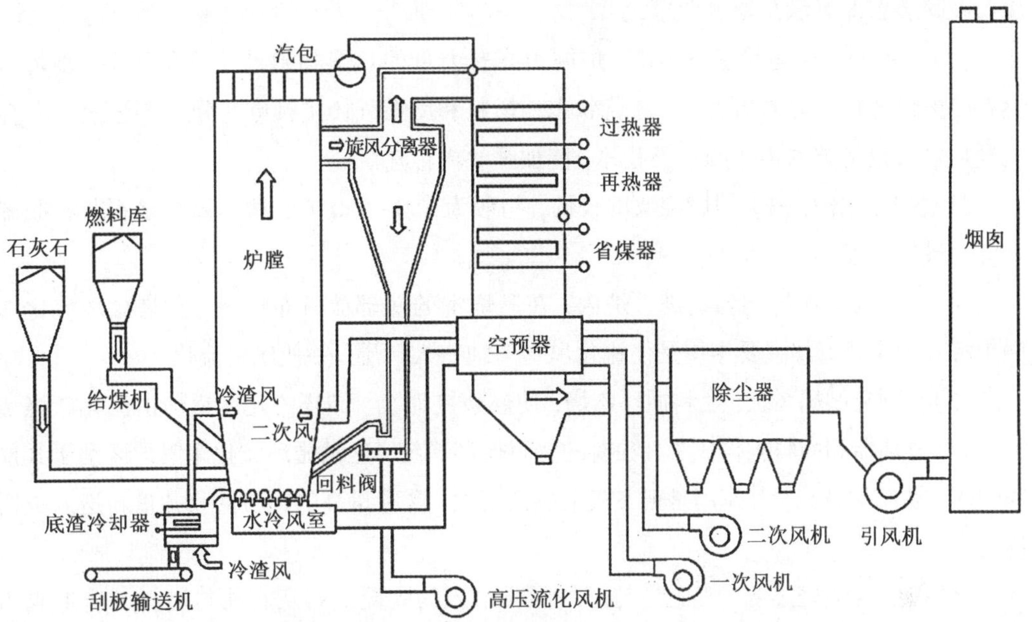

图 8-5　循环流化床锅炉结构及工作过程示意图

二、循环流化床锅炉的工作过程

如图 8-5 所示，循环流化床锅炉的工作过程与煤粉炉一样，也主要分为燃烧系统和汽水系统。

燃烧系统一般指锅炉的“炉”。燃料（煤）及脱硫剂（石灰石）经一级和二级破碎至合适的粒度后，进入炉前燃料仓及石灰石仓，再由给煤机和石灰石给料机送入炉膛内，与燃烧室内的物料混合且被迅速加热，迅速着火燃烧。石灰石经过煅烧分解与燃料燃烧生成的 SO_2反应生成 $CaSO_4$，从而起到脱硫作用，燃烧室温度通常控制在 850 ℃左右。

在较高气流作用下，燃烧充满整个炉膛并剧烈掺混。有大量的颗粒会被烟气携带出炉膛，进入旋风分离器进一步分离，收集下来的不完全燃烧的颗粒，通过返料阀，再次返回炉膛继续参与燃烧。有的循环流化床锅炉设计了外置床换热器，分离收集的部分颗粒被送到外置床换热器，在外置床内与受热面进行热交换，被冷却至 400～600 ℃后，再送回炉膛循环燃烧。通过旋风分离的高温烟气夹带没有被分离出的细小的颗粒，进入尾部烟道，在尾部烟道内与受热面进行热交换，经过烟气除尘装置除尘后，较为洁净的烟气由烟囱排出。

汽水系统一般指锅炉的“锅”，与煤粉炉一样，这里不再赘述。

三、循环流化床锅炉与煤粉炉比较

循环流化床锅炉是根据其燃烧系统的特点而命名的，“循环”指离开炉膛的燃料可以被重新送回炉内，循环燃烧，以提高燃烧效率；“流化床”指炉内燃料处于流化状态下燃烧。与煤粉炉相比，循环流化床锅炉也有其独特的优点，主要有以下几点。

（1）燃料制备系统相对简单。循环流化床锅炉无须复杂的制粉系统，只需简单的干燥及破碎装置即可满足燃烧要求。

(2)燃料处于流化状态下燃烧。炉内始终有大量的炽热物料处于流化状态，新加入燃料能被迅速加热并着火燃烧。流化状态使燃料和助燃气体接触更充分，燃烧条件更好。大量热物料也是炉内传热的主要载体，能加强炉内传热。

(3)循环流化床锅炉的燃烧温度较低，一般为 850~950 ℃，这个温度是石灰石脱硫反应的最佳温度。

(4)为了让一次风均匀地进入炉内，在燃烧室的底部放有布风板，它是循环流化床锅炉特有的设备。其主要作用是使流化风均匀地吹入料层，并使床料流化。

(5)有物料循环系统，燃料循环燃烧，使燃烧更完全。循环流化床锅炉由流化床燃烧室、物料分离器和回料阀构成了其独有的物料循环系统，这是循环流化床锅炉区别于其他锅炉的主要结构特点。其作用是把飞灰中粒径较大、含碳量高的颗粒回收并重新送入炉内燃烧。

(6)能实现燃烧过程中脱硫。与燃料同时给入的脱硫剂石灰石能与燃料燃烧生成的 SO_2 反应生成 $CaSO_4$，从而起到脱硫作用。这是循环流化床锅炉的最大环保优势，因为其他燃烧方式很难实现燃烧过程中的高效脱硫。

(7)采取分段送风燃烧方式。一次风经布风板送入燃烧室，二次风在布风板上方一定高度送入。因此，在燃烧室下部的密相区为欠氧燃烧，形成还原性气氛。在二次风口上部为富氧燃烧，形成氧化性气氛。通过合理调节一、二次风比，可维持理想的燃烧效率并有效地控制 NO_x 生成量。

第四节　循环流化床锅炉的物料循环燃烧系统及设备

循环流化床锅炉的物料循环燃烧系统主要是由燃烧室、布风装置、气固分离器、返料装置、点火装置等设备组成，如图 8-6 所示。

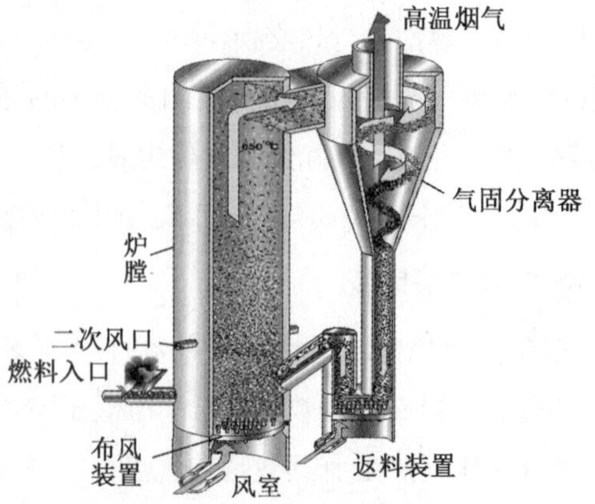

图 8-6　物料循环燃烧系统

燃烧室、分离器及返料装置被称为循环流化床锅炉的三大核心部件，并构成了循环流化床锅炉的颗粒循环回路(又称主循环回路)。这是它结构上区别于其他锅炉的明显特征，是其特有的系统。

一、炉膛

与传统的煤粉锅炉相同，循环流化床炉膛四周和顶部由水冷壁组成。为了防止炉内床料从下部漏掉，循环流化床锅炉在燃烧室(炉膛)底部布置了布风板，把炉膛封住，这是与煤粉炉的区别之处。布风板由水冷壁延伸组成，布风板和安装在其上的风帽共同构成了布风装置。

炉膛是燃料的燃烧空间。立式长方形燃烧室是最常见的炉膛结构，炉膛四周由水冷壁围成。一般规定，站在炉前，面向尾部烟道，近处的炉墙称为前墙；与前墙相平行的远处的炉墙称为后墙；与前后墙垂直的两面墙称为侧墙，左手侧为左侧墙，右手侧为右侧墙。锅炉左右方向的尺寸一般称为宽度，前后方向的尺寸一般称为深度。

为了防止烟气和物料向外泄露，一般采用膜式水冷壁。这种结构常常与风室、布风板连成一体，悬吊在锅炉钢架上。

1.燃烧室横截面形状

燃烧室横截面呈长方形，宽度与深度之比约为 2∶1，这样的炉膛截面形状优点是：①易于保证二次风的穿透；②增大水冷壁受热面的布置面积；③利于给煤和石灰石的均匀扩散。

2.燃烧室高度

炉膛主体高度主要考虑水冷壁受热面布置的数量和燃烧效率的要求，并兼顾尾部烟道的高度要求。锅炉容量越大，需要布置的水冷壁受热面及尾部受热面越多，因此炉膛也就越高。高的炉膛可以延长燃料在炉膛内的停留时间，从而提高燃烧效率。循环流化床燃烧室(从布风板至炉顶)高度的推荐值如表 8-1 所列。

表 8-1　循环流化床燃烧室(从布风板至炉顶)高度的推荐值

煤种	锅炉容量/($kg \cdot s^{-1}$)				
	36.11	61.11	113.9	186.1	274.2
褐煤	24	28	30	37	47
烟煤	25	29	34	39	50

3.炉膛开孔

炉膛上开有各种功能的门孔，如给煤口、回料口、排渣口、二次风口、炉膛烟气出口、检修人孔，有的锅炉还有油枪口、石灰石给入口等。因为锅炉炉膛在运行时呈正压状态，所以密封要求较高，否则会导致物料和烟气外冒，污染厂区环境，并且威胁人身安全。因此，流化床锅炉炉膛上开口数量应尽可能少，而且运行时要求各门孔关闭严密。

二、布风装置

布风装置是炉膛底部支承物料并分配一次风的装置。目前，流化床锅炉采用的布风装置主要是风帽式布风装置，它由风室、花板、风帽和隔热层组成，如图 8-7 所示。

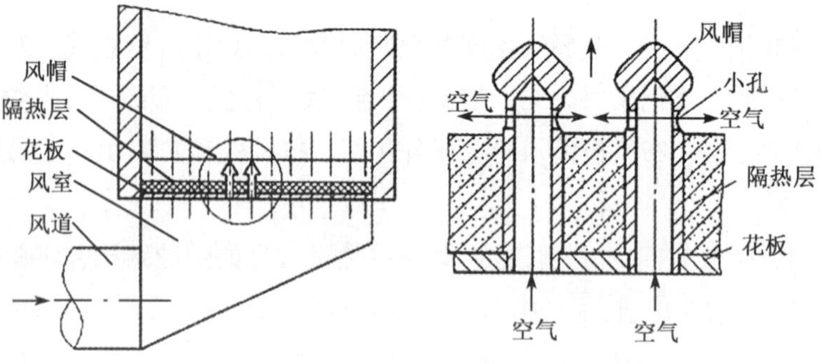

（a）布风板结构　　（b）喷嘴结构

图 8-7　风帽式布风装置结构示意图

风帽式布风装置的工作过程：由风机送入的空气从位于布风板下部的风室通过风帽底部的通道，从风帽上部径向分布的小孔流出，由于小孔的总截面积远小于布风板面积，因此气流在小孔出口处取得远大于按布风板面积计算的空塔气流速度。从风帽小孔中喷出的气流具有较高的速度和动能，进入床层底部，使风帽周围和帽头顶部产生强烈的扰动，并形成气垫层，使床料中煤粒与空气均匀混合，强化了气固间的热质交换过程，延长了煤粒在床内的停留时间，建立了良好的流化状态。

1.风帽

风帽是循环流化床锅炉的重要部件，是炉内高温、高磨损下的易损部件，它直接影响锅炉的流化工况和燃烧的稳定性，是锅炉安全运行的保证。

风帽安装在布风板上，其主要作用是将流化燃料所需要的风均匀地送入炉膛。随着循环流化床锅炉的发展，出现了多种结构的流化风帽，常用的布风板风帽形式有小孔径风帽、S 形(猪尾形)风帽、钟罩式风帽、定向风帽、T 形风帽等，各种风帽性能如表 8-2 所列。

表 8-2　各种风帽性能

风帽形式	风帽数量	外孔尺寸	布风均匀性	磨损特性	防漏渣性能	使用周期
柱形风帽	多	小	好	较轻	一般	一般
S 形风帽	多	—	好	最轻	较好	较长
定向风帽	多	大	较好	较重	弱	较短
钟罩风帽	较少	大	好	轻	好	较长

(1)小孔径风帽。它分为角顶、圆顶和柱形等多种形式，如图 8-8 所示。小孔径风帽数量多，风帽间距小，一般 50 个/平方米左右。小孔径风帽气流流速较大，有利于流化，

但阻力较大。由于孔较小(4~6 mm)，所以气流刚度小。

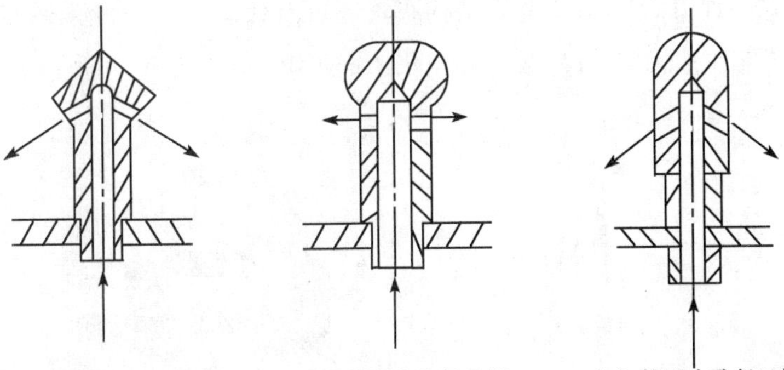

图 8-8　小孔径风帽示意图

(2)S 形风帽。它又称猪尾形风帽，其结构简单，由 20 mm 钢管弯制而成，钢管全部埋于绝热层内，是对密孔板形布风装置的改进，S 形风帽的小弯管代替了小直孔或锥形孔，增大了布风板阻力，提高了布风均匀性。同时，也避免了细颗粒漏入风室。S 形风帽示意图如图 8-9 所示。

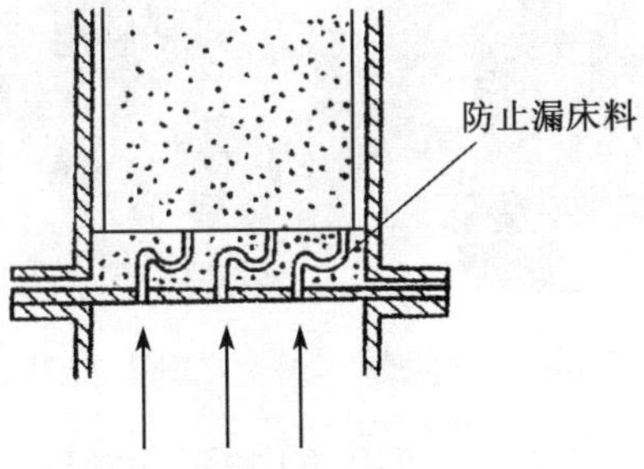

图 8-9　S 形风帽示意图

(3)大直径钟罩式风帽。如图 8-10 至图 8-12 所示，钟罩式风帽是蘑菇形风帽的变形，主要由内管和外罩两部分组成，罩体与进风管采用螺纹连接，罩体损坏后易于更换。通过合理设计外罩开孔尺寸及数量，可控制好风帽出口速度，降低风帽的磨损情况。另

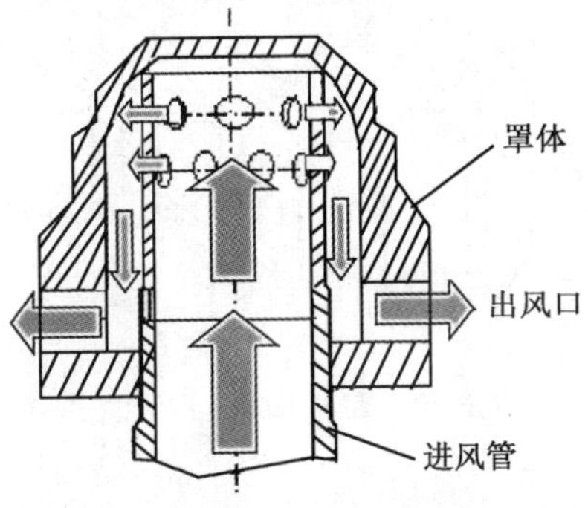

图 8-10　大直径钟罩式风帽结构示意图

外，罩体水平方向开孔且孔径较大，不易被颗粒堵塞。风帽采用耐热钢精铸而成，使用寿命长，易于检修。钟罩式风帽特有的结构布置还可有效防止物料漏入风室。大直径钟罩式风帽广泛应用在一批 135 MW 级循环流化床锅炉上。

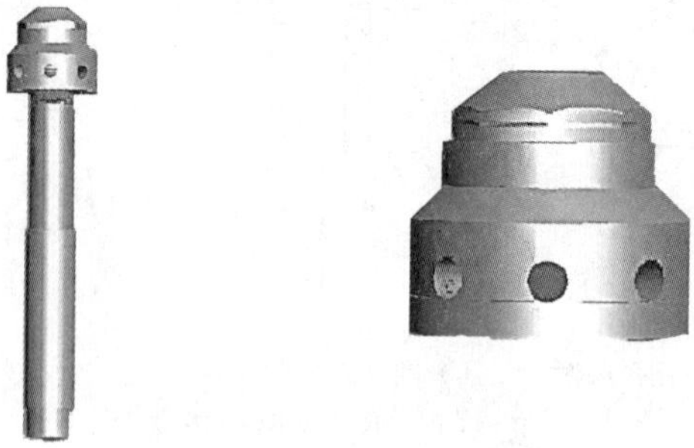

图 8-11　钟罩式风帽罩体和进风管螺纹连接实物图

图 8-12　钟罩式风帽生产现场布置图

(4)定向风帽(7 字形)。它是一种开孔方向特定的风帽，其喷口的设计和布置不是垂直向上的，而是朝着一定的水平方向，或出口角度与帽身呈 15°或 30°，斜向下吹，如图 8-13 和图 8-14 所示。

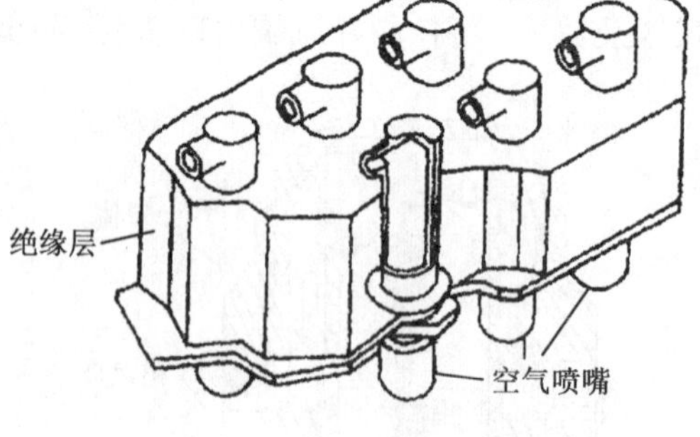

图 8-13　定向风帽结构示意图

图 8-14 定向风帽实物图

定向风帽的特点如下。

①利于排渣，且不易堵渣。定向风帽在炉底形成的气流流向可以将粗颗粒床料吹向排渣口，有利于渣的定向流动，能尽快将带有石块或其他杂质的床料排出。定向风帽的口径较大，出口向下倾斜，不易堵渣。

②定向风帽磨损较为严重。风帽经常发生后帽吹前帽的情况，导致严重的磨损，定向风帽的损坏多在顶部，由于风帽间距小，一个风帽损坏后，周边布风紊乱，加剧周围风帽的磨损，使风帽损坏形成连锁反应。同时定向式风帽还容易出现床料倒流回布风风箱内等问题。

(5)T 形风帽。T 形风帽图如图 8-15 所示。这种风帽采用大喷口，射出的射流有足够的动量，能将沉积在床底部的大颗粒灰渣及杂物流化。同时，采用大开孔的喷口，可以防止堵塞。大直径 T 形风帽在国内最初一批的 40 t/h 锅炉上曾经广泛使用，但在大型循环流化床锅炉的实践中，这种风帽漏渣严重，被大钟罩式风帽替代。

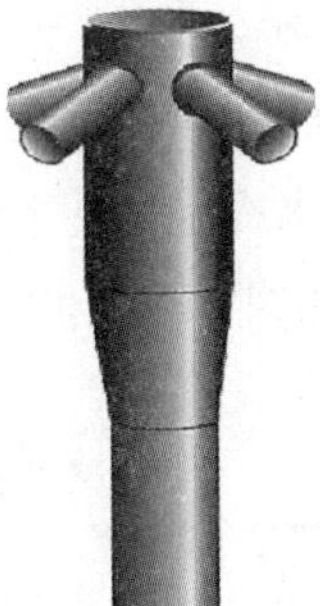

图 8-15 T 形风帽图

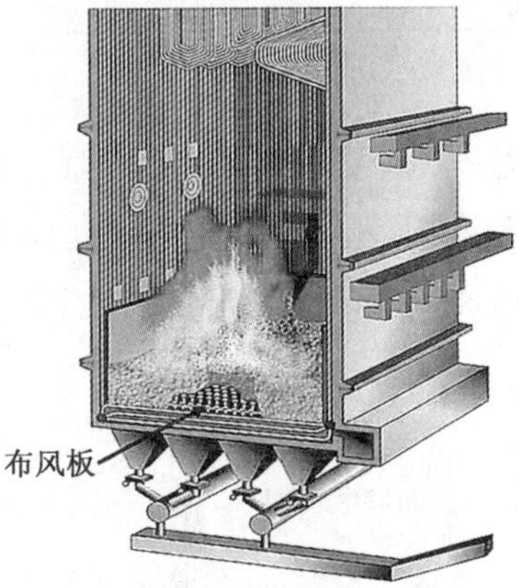

图 8-16 布风装置示意图

2.布风板

流化床锅炉燃烧室下部的炉箅被称为布风板，是一个开有一定数量小孔的燃烧室底板，将其下部的风室与炉膛隔开，如图 8-16 所示。

(1)布风板的作用。

①将固体颗粒限制在炉膛布风板上，并对固体颗粒(床料)起到支撑作用。

②保证一次风穿过布风板进入炉膛，达到对颗粒的均匀流化。

(2)布风板的类型及结构。按照是否进行冷却，可将风帽式布风板分为非水冷式布风板和水冷式布风板。

非水冷式布风板为一定厚度的钢板，钢板按布风要求和风帽形式开设一定数量的圆孔，即通常所说的花板，花板的作用是支承风帽和隔热层，并初步分配气流。

花板通常是由厚度为 12~20 mm 的钢板或厚度为 30~40 mm 的整块铸铁板或分块组合而成的。花板上的开孔也就是风帽的均匀排列分布，节距的大小取决于风帽的大小及风帽的个数与气流的小孔流速。花板结构示意图如图 8-17 所示。

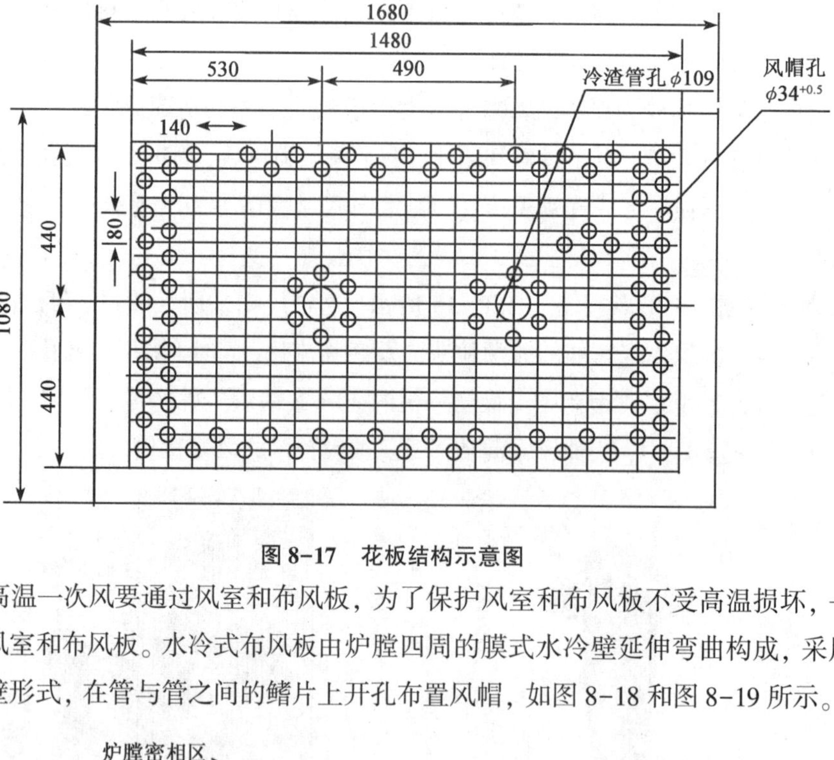

图 8-17　花板结构示意图

因为高温一次风要通过风室和布风板，为了保护风室和布风板不受高温损坏，一般采用水冷式风室和布风板。水冷式布风板由炉膛四周的膜式水冷壁延伸弯曲构成，采用拉稀膜式水冷壁形式，在管与管之间的鳍片上开孔布置风帽，如图 8-18 和图 8-19 所示。

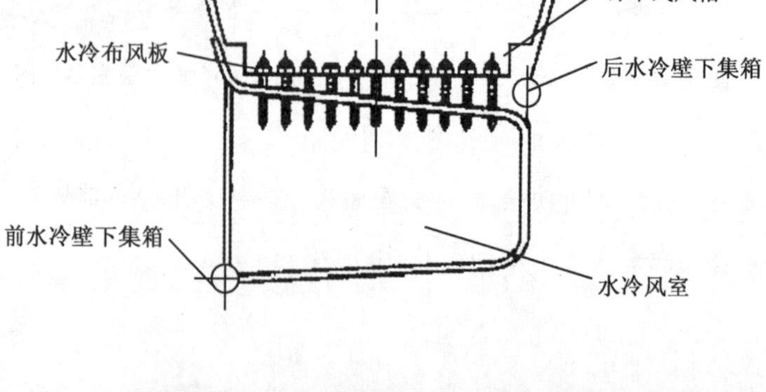

图 8-18　水冷风室及布风板示意图

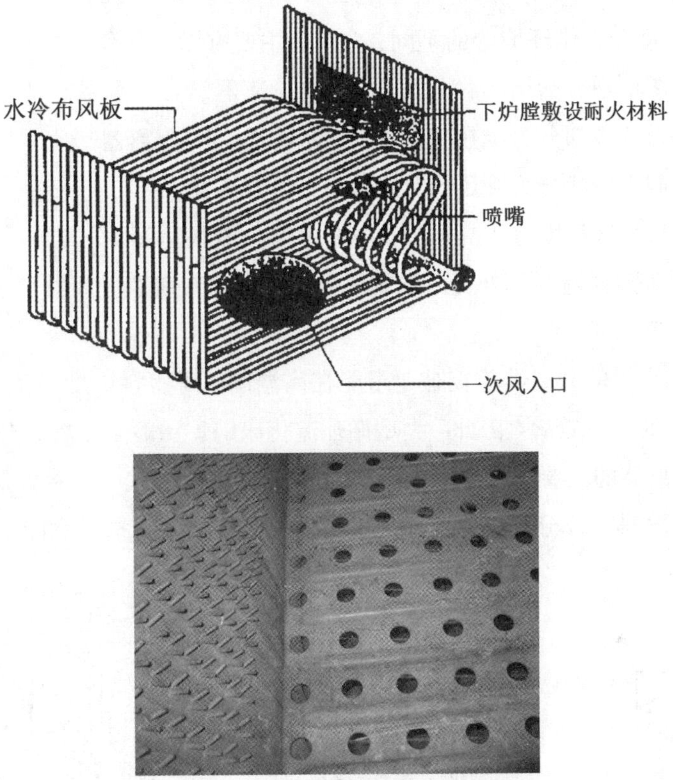

图 8-19　水冷风箱示意图及水冷布风板

布风板的结构形式有许多种，如图 8-20 所示。其中，图 8-20(c)和图 8-20(d)所示的水平形和倾斜形布风板有利于水冷式结构布置，这两种结构形式的布风板是循环流化床锅炉中最常见的形式。

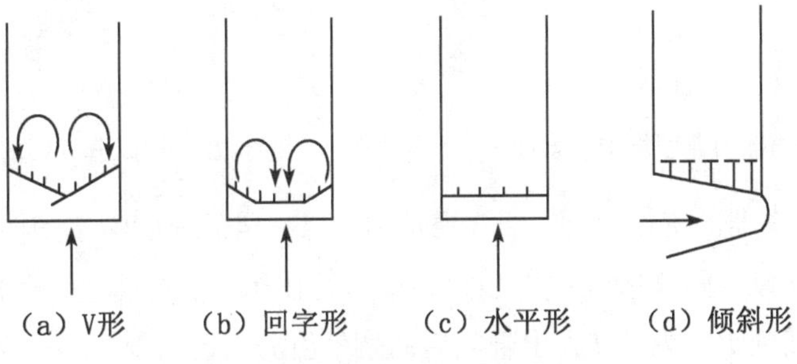

图 8-20　布风板结构形式示意图

三、分离器

分离器是循环流化床锅炉区别于传统鼓泡流化床锅炉的重要部件，是循环流化床锅炉的核心部件之一。其主要作用是将大量的高温固体物料从炉膛出口的气流中分离出来。分离出来的物料通过返料装置送回炉膛，以维持燃烧室快速流态化状态，燃料剂和脱硫剂多次循环，实现反复燃烧和反应。

1.分离器的分类

按照分离机理和工作环境等的不同，分离器主要有以下几种。

(1)按照分离机理分为离心式分离器、惯性分离器。

(2)按照是否有冷却分为绝热式分离器、水冷(汽冷)分离器。

(3)按照横截面形状分为旋风筒分离器、方形分离器。

(4)按照进口烟气温度分为高温分离器、中温分离器、低温分离器。

目前，使用较为普遍的是外置高温旋风分离器和内置惯性分离器。

2.旋风分离器

循环流化床锅炉的分离器不仅被要求能在高温度、高物料浓度下工作，还应保持较低的阻力和较高的分离效率。因此，大型循环流化床锅炉一般采用旋风分离器。

(1)旋风分离器的主要结构。旋风分离器一般由切向进气管、筒体及圆锥体构成的分离空间、净化气排出及分离颗粒排出等几部分组成，典型结构示意图如图 8-21 所示。

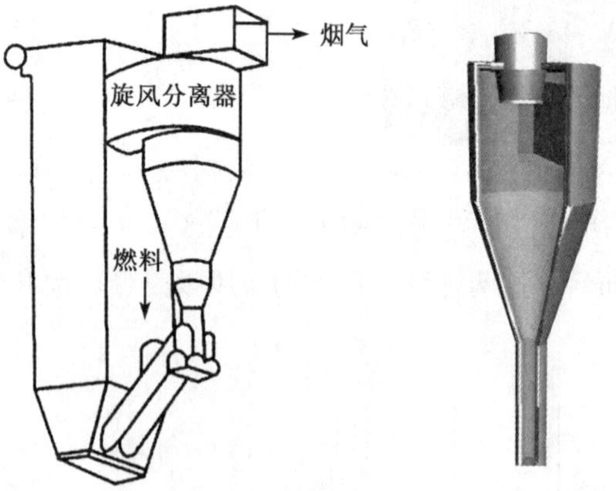

图 8-21　旋风分离器的典型结构示意图

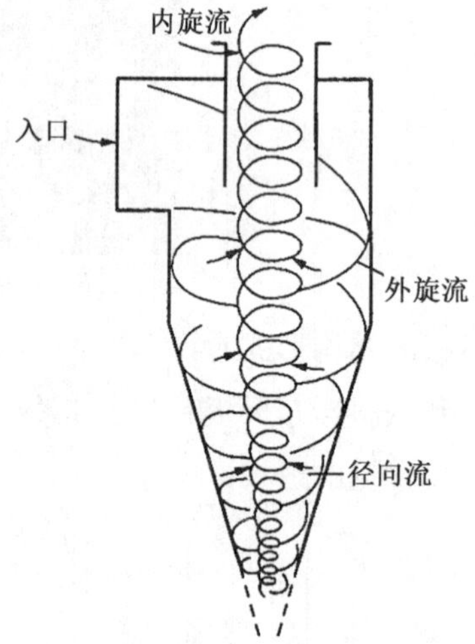

图 8-22　旋风分离器的分离原理示意图

(2)旋风分离器的工作原理。烟气携带物料以一定的速度沿着切向方向进入分离器，在内部做旋转运动。固体颗粒在离心力和重力的作用下被分离下来，落入料仓内，经物料返回装置返回到炉膛内，分离出颗粒后的烟气由分离器上部进入尾部烟道，如图 8-22 所示。

(3)旋风分离器的特点。

①旋风分离器的优点是分离效率高，特别是对细小颗粒的分离效率远远高于惯性分离器。

②旋风分离器的缺点是体积比较大，使得锅炉厂房占地面积较大。另外，大容量的锅炉因受分离器直径和占地面积的限制，往往需要布置多台分离器。因此，旋风分离器的布置对于循环流化床锅炉的大型化显得非常重要。

(4)旋风分离器的分类。根据分离器的工作条件，可将旋风分离器分为高温旋风分离器、中温旋风分离器和低温旋风分离器三种。

①高温旋风分离器。高温旋风分离器通过一段烟道与炉膛连接，其布置根据锅炉结构及分离器数量的不同而有所变化，大多布置于炉膛后部，也有的布置在炉膛前墙或两侧墙，并多采用上排气形式。

高温旋风分离器的结构形式主要有两种：一种是由钢板和耐火材料构成不冷却的绝热旋风筒；另一种是由膜式壁构成通过水(或蒸汽)冷却的水(汽)冷却式旋风筒。

②中温旋风分离器。中温旋风分离器入口烟气温度较低，一般为400~500 ℃，通常布置在过热器之后。与高温旋风分离器相比，它有如下优点。

※保温材料的耐高温要求降低，可以降低成本。

※由于分离器温度降低，可以采用较薄的保温层，从而缩短锅炉的启停时间。另外，在保温相同的条件下，散热损失减小。

※由于入口烟气温度较低，分离器尺寸可以减小，加之烟气黏度降低，利于颗粒分离，可以提高分离器效率。

※分离器内不会发生燃烧，也不会造成超温结焦。

※分离下来的物料温度较低，这对控制床层温度、防止床内发生结渣及调整负荷有利。

但是由于中温分离器与高温分离器不同，后者布置在过热器前，而前者布置在过热器后。过热器处的烟气含物料量较大，固体颗粒也较粗，增加了过热器的磨损，严重影响锅炉的安全运行。因此，中温分离器一般应用于低倍率循环流化床锅炉上，并且要对分离器前受热面采取有效的防磨措施，以提高其使用寿命。

③低温旋风分离器。低温旋风分离器的工作温度一般小于300 ℃，通常布置在省煤器和空气预热器之后。事实上，采用低温旋风分离器的锅炉是飞灰回燃型鼓泡流化床锅炉，在此不做详细介绍。

3.惯性分离器

惯性分离器利用某种特殊的通道，使介质流动的路线突然改变，固体颗粒依靠自身惯性脱离气流轨迹，从而实现气固分离。这种特殊的通道可以通过布设撞击元件来实现(如U形槽分离器、百叶窗式分离器)，也可以专门设计成型(如S形分离器)。惯性分离器通常布置在炉膛内部，属于内循环分离器。

(1)U 形槽分离器。U 形槽分离器在炉膛顶部，采用错列垂直(或倾斜)布置，如图 8-23 所示。

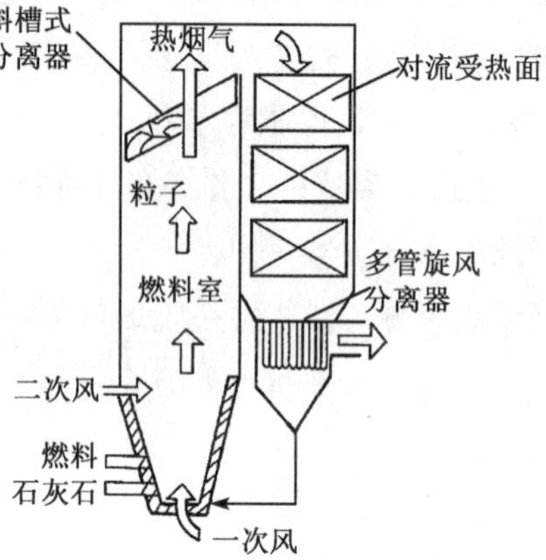

图 8-23　U 形槽分离器布置图

①U 形槽分离器工作原理。如图 8-24 所示，当物料随烟气上升时进入分离器，由于烟气和物料的密度差别很大，惯性不同，一部分物料进入异形槽钢内，实现与烟气的分离，另一部分细小颗粒随烟气从第一排异形槽钢缝隙处继续上升，进入第二排槽钢中再分离。因为分离器是垂直(或倾斜)布置，大多数的颗粒沿异形槽钢返回炉内循环，反复燃烧。

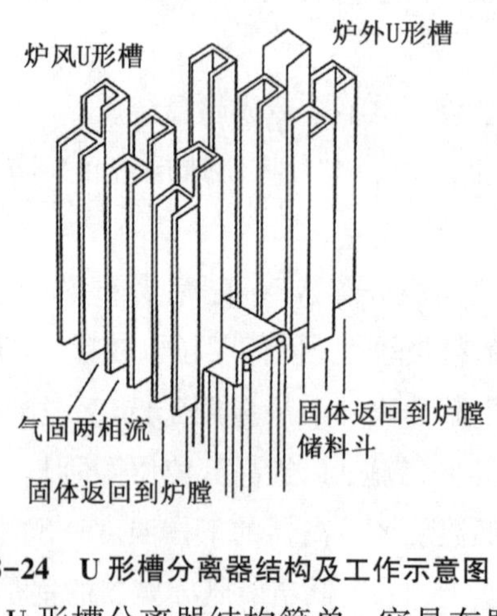

图 8-24　U 形槽分离器结构及工作示意图

②U 形槽分离器的特点。U 形槽分离器结构简单，容易布置，同时，由于炉内分离，不需要回送装置。但分离器布置在炉膛内，环境温度高，物料冲刷磨损严重。另外，该分离器效率不高，目前仅应用于小容量循环流化床锅炉上。

(2)百叶窗式分离器。①百叶窗式分离器的结构。百叶窗式分离器是由一系列的平行叶片(叶栅)按一定的倾角组装而成的，其叶片分为平板形和波纹形。波纹形叶片效率高于平板形，因此目前采用百叶窗分离器的循环流化床锅炉均采用波纹形叶片。

②百叶窗式分离器的工作原理。如图8-25所示，从入口进入的含尘气流依次流过叶片。当气流流过叶片时，尘粒因惯性的作用撞在叶片表面并反弹，与气流脱离，从而实现气固分离。分离出颗粒的气体从另一侧离开百叶窗分离器，被分离出的颗粒浓集并落到叶片的尾部。

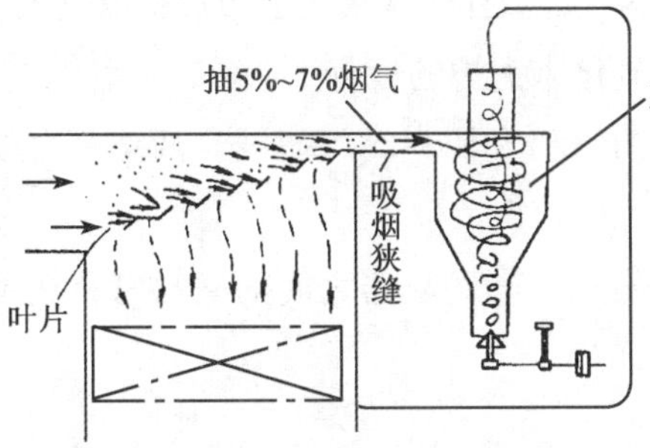

图8-25　百叶窗式水平入口的分离器工作原理示意图

③百叶窗式分离器的特点。其结构简单，布置方便，与锅炉匹配性好，热惯性小，流动阻力一般也不高。但分离效果欠佳，特别是对惯性小、跟踪性强的细微颗粒捕集效果更差。

4.组合式分离器

虽然高温旋风分离器分离效率较高，但体积庞大，结构相对复杂，制造、安装困难，运行费用高。而惯性分离器虽然结构简单、易布置，但分离效率太低。因此，许多学者提出了多级分离器方案或组合式分离器方案，如用惯性分离器和旋风分离器组合，也可以用多级惯性分离器组合。

四、固体物料回送装置

物料回送装置是将分离器分离下来的高温固体颗粒连续稳定地回送至压力较高的炉腔内，并使反窜到分离器的气体量最小的一种专门设备。

循环流化床锅炉运行时，大量固体颗粒在由炉膛、分离器、回送装置及外置式换热器等组成的物料循环回路中循环。一般循环流化床锅炉的循环倍率为5~20，也就是说有5~20倍给煤量的返料灰需要经过回送装置返回炉膛再燃烧。同时，运行中返料量的大小依靠飞灰回送装置进行调节，而返料量的大小直接影响锅炉的燃烧效率、床温及锅炉负荷。因此，物料回送装置是关系到锅炉燃烧效率和运行调节的一个重要部件，其工作的可靠性直接影响锅炉的安全经济运行。

固体物料返料装置应当满足以下基本要求。

(1)物料流量可控。循环流化床锅炉的负荷调节主要依赖于循环物料量的变化，这就要求回送装置能够稳定地开启或关闭固体颗粒的循环，进而适应锅炉运行工况变化的要求。

(2)物料流动稳定。由于循环的固体物料温度较高，返料装置中又有空气，在设计时应保证物料在返料装置中流动通畅、不结焦。

(3)气体不反窜。由于分离器内的压力低于炉膛内的压力，返料装置将返料灰从低压区送至高压区，必须有足够的压力来克服负压差，同时要求既能封住气体又能将固体颗粒送回床层。对于旋风分离器，如果有气体从回送装置反窜进入，将会降低分离效率，从而影响物料循环和整个循环流化床锅炉的运行。

物料回送装置一般由立管(料腿)和回料阀(送灰器)两部分组成。

1.立管(料腿)

通常将物料循环系统中的分离器与送灰器之间的回料管称为回料立管，简称立管，又称为料腿或竖管。

立管的主要作用有以下两点。

(1)输送物料。与送灰器配合连续不断地将物料由低压区向高压区(炉膛处)输送。

(2)系统密封。产生一定的压头，防止回料风或炉膛烟气从分离器下部反窜，因此它在循环系统中起着压力平衡的重要作用。

2.回料阀(送灰器)

回料阀和分离器构成了固体物料的循环回路，使循环流化床锅炉能够进行循环燃烧，因此是锅炉的关键部件。物料回送装置中的回料阀（也称送灰器、返料阀）分为机械式回料阀和非机械式回料阀两大类。

机械式回料阀靠机械构件动作来达到控制和调节固体颗粒流量的作用，如球阀、蝶阀、闸阀等。实际运行时，机械装置在高温状态下会产生膨胀，加上阀内的流动介质是固体颗粒，固体颗粒易卡涩，运动时也会产生较严重的磨损，因此循环流化床锅炉中很少采用机械式送灰器。

非机械式回料阀采用气体推动固体颗粒运动，无须任何机械转动部件，所以结构简单、操作灵活、运行可靠，在循环流化床锅炉中被广泛应用。

非控机械式送灰器根据工作特点可以分为阀型回料器(可控式回料器)和自动调节型回料器(通流型回料器)两大类。

(1)阀型回料器(可控式回料器)。其主要包括L形阀、V形阀、J形阀等，如图8-26所示。这种回料器不但能将颗粒输送到炉膛，开启和关闭固体颗粒流动，而且能控制和调节固体颗粒的流量，属于可控式回料器。

L形阀是最简单的一种非机械阀，如图8-26(a)所示，由直角弯管、垂直管和水平管组成。它的优点是结构简单，回料量调节范围宽；缺点是放大性能不好，控制系统较复杂，故在大型循环流化床锅炉上应用较少。

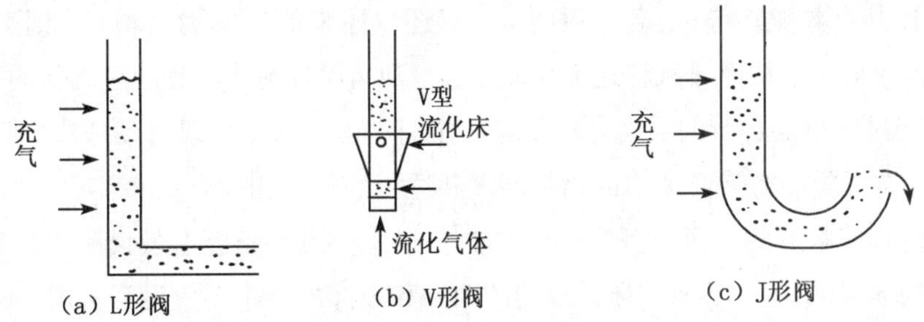

图 8-26　阀型回料器示意图

J 形阀最初是由 L 形阀演变而来的，后来也融合了 V 形阀的特点，如图 8-26(c) 所示。它的结构较简单，物料流率高，返料风量小，所以体积小，布置紧凑。特别是对灰熔点较低的燃料，采用 J 形回料器并增加立管上的充气数目可以有效减少回料器结渣问题的发生。

(2) 自动调节型回料器(通流型回料器)。它主要有流化密封回料器(又称 U 形阀)和密闭输送阀等，其中流化密封回料器是循环流化床锅炉普遍采用的，如图 8-27 所示。自动调节型回料器的特点主要有：①对固体颗粒流量的调节作用很小；②密封和稳定性很好，可以有效地防止气体反窜；③随锅炉负荷的变化自动改变送灰量，而无须调整送灰风量。

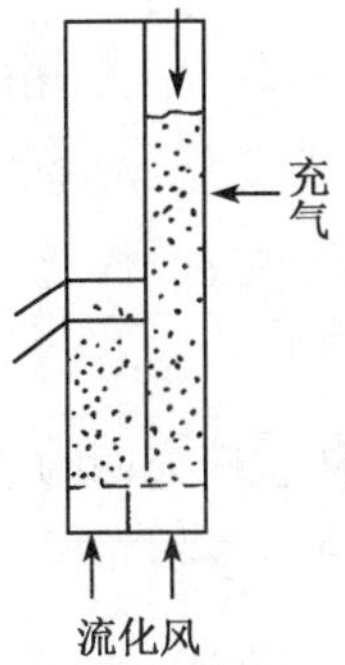

图 8-27　流化密封送灰器示意图

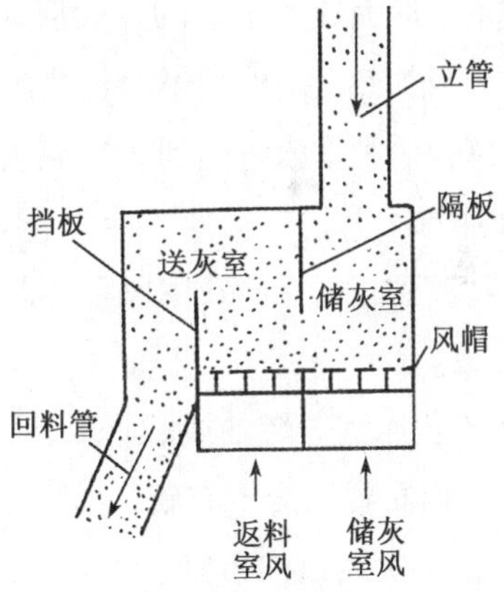

图 8-28　流化密封送灰器结构图

流化密封回料器由一个带回料管的鼓泡流化床和分离器立管组成，二者之间有一个隔板，采用空气进行流化，其结构图如图 8-28 所示。回料器内的压力略高于炉膛，以防止炉膛内的空气进入立管。在立管内可以充气，有利于固体颗粒的流动。特别是在立管与流化床的连通部分布置水平喷管，更有利于物料的流动。但过多的充气可能会使气流反窜，破坏循环流化床的正常运行。

流化密封回料器立管中，固体颗粒的料位高度能够自动调节，使其压力与送灰器的压降及驱动固体颗粒流动所需的压头相平衡。例如，由于某种原因使物料循环流率下降，则进入立管中的物料量减少，若物料回送装置还以原来的流率输送物料，则必然使立管中的料位高度降低，从而导致输送流率减小，直到与循环流率一致，建立新的平衡状态。因此流化密封回料器运行时，当充气状态一定时，料位高度可以自动适应，但是是在变化的。这种自适应能力需要适当的物料高度和适当的充气相配合。

为了防止回料器的布风板因受热而挠曲变形，应在布风板上敷设耐火层和隔热层，厚度一般为50~80 mm。另外，在送灰器的四周和顶部内侧也要敷设耐火层和隔热层，其厚度应根据所输送物料的温度和耐火隔热材料的性质确定。整个回料器用钢板密封，以保证回料器有足够的刚度和密封性能。在回料器顶部还应开一个检修孔，以便在停运时捡出回料器中的小渣块。

五、点火燃烧器

循环流化床锅炉一般燃用的是难以着火的劣质煤，所以点燃要比煤粉炉中的煤粉困难得多。循环流化床锅炉点火方式也与煤粉锅炉不同，它是先将床料加热至燃料燃烧所需的最低稳定着火温度以上，然后用床料加热给入的燃料，使燃料稳定燃烧。这种用于锅炉点火和启动主燃烧室的燃烧器称为点火燃烧器。

循环流化床锅炉点火燃烧器投运后，随着固体燃料的不断给入，床温不断升高，相应地减少点火燃烧器的热量输出，直到最后停止点火燃烧器的运行，并将床温稳定在900 ℃左右，即完成了锅炉的点火启动过程。点火启动过程一般分为以下三个阶段。

(1)床料加热。用外来燃料作热源，把床料从室温加热到投煤可以燃烧的温度。

(2)试投燃料。床料达到一定温度后，试投燃料，观察是否着火，用燃料燃烧放热，进一步使床温上升。

(3)过渡到正常运行。用风量控制床温，并适时给煤，调节好风煤比，逐步过渡到正常运行参数。

循环流化床锅炉燃油或燃烧天然气的冷态启动燃烧器有三种不同的布置方式，即床上布置、床内布置和床下布置，如图8-29所示。其中，床内布置指布置在布风板上，床下布置多指一次风道内布置。

1.床上和床内布置的启动燃烧器

燃烧器略向下倾斜安装，目的是使火焰能与流化床层接触，更好地加热床料。床上启动燃烧器是用火焰直接加热床料，床料升温比较快，但是不够均匀，投入煤后，油和煤混烧阶段容易使煤结焦。一般对于稳定着火温度比较高的煤种，再点火时使用床上启动燃烧器。

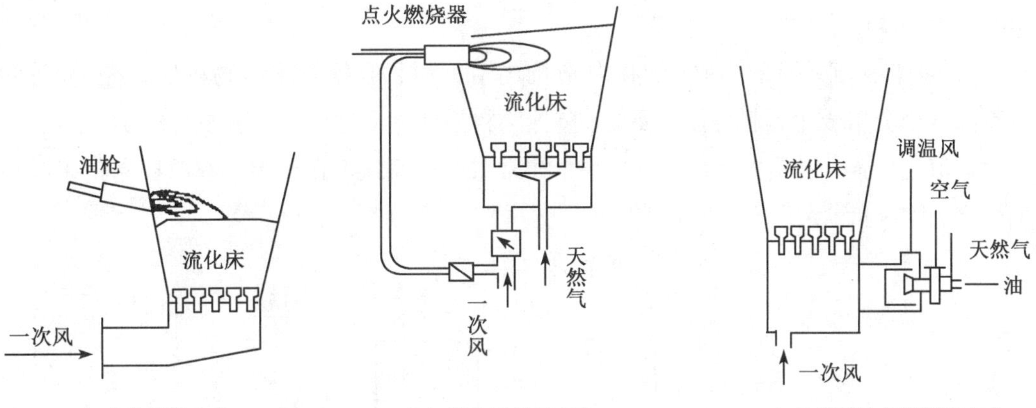

（a）床上油枪点火　　（b）床内天然气点火　　（c）床下油气预燃室点火

图 8-29　床上、床内和床下点火方式示意图

2.床下布置的点火燃烧器

图 8-30 为床下风道燃烧器点火示意图。在循环流化床锅炉冷态启动时，风道燃烧器先将一次风加热至 700~800 ℃的温度，高温一次风进入水冷风箱，再通过布风板将惰性床料流化，并在流态化的条件下对床料进行均匀加热。

与启动燃烧器床上或床内的布置方式相比，床下布置的方式有以下特点。

(1)床下温度分布比较均匀。风道点火器先将一次风加热到高温，然后来预热床料，使床内温度分布十分均匀。

(2)床下强烈的湍流混合和传热过程，对床料的加热十分迅速，炉膛散热损失也很小，可大大缩短启动时间，节省启动用燃料。

(3)可以提高床温加热速率。

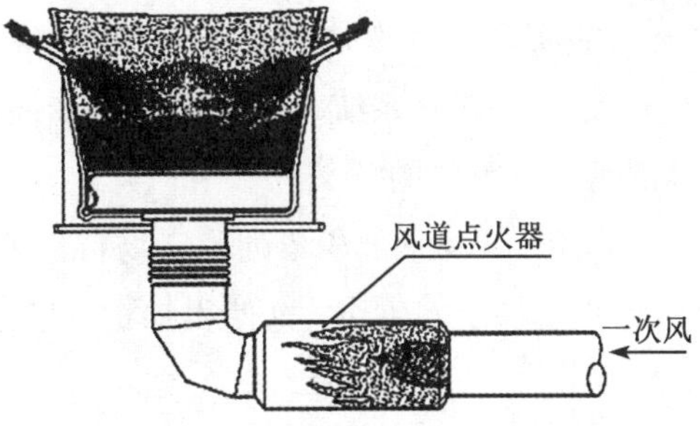

图 8-30　床下风道燃烧器点火示意图

六、物料循环系统及物料平衡

物料平衡、热量平衡和高燃烧效率是循环流化床锅炉正常运行的基础。循环流化床锅炉的正常运行需要在炉膛内外维持一定的可循环物料量，只有正常的物料循环量才能保证循环流化床锅炉的正常燃烧、出力和燃烧效率。因此，物料平衡的实现是循环流化床锅炉正常运行的关键。

1.物料循环系统

(1)物料循环系统的构成。炉膛构成了炉内的物料内循环系统，物料分离器、立管和返料阀三部分组成了物料外循环系统，整体物料循环流动过程示意图如图8-31所示。这是循环流化床锅炉独有的系统，也是一个非常重要的系统，它直接影响循环流化床锅炉的燃烧、传热和稳定运行。

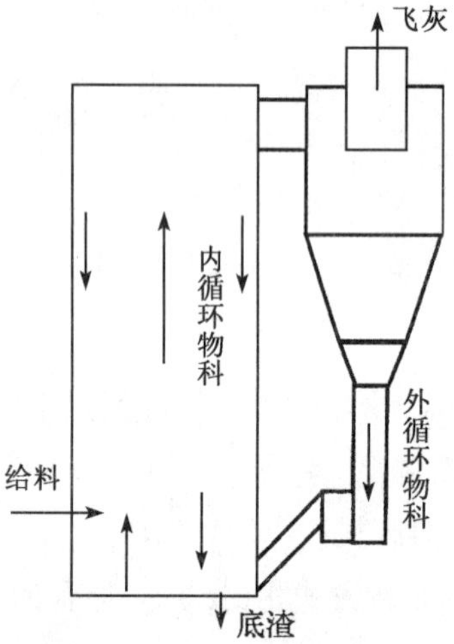

图8-31 物料循环流动过程示意图

物料内循环系统为物料外循环系统提供循环物料。物料外循环系统保证内循环物料的质量(数量和粒度)稳定，为外置换热器提供热载体，保证焦炭的循环燃烧。因此，物料内循环系统和物料外循环系统相互依存、相互作用。物料外循环系统是整个循环流化床锅炉稳定运行的体现，物料内循环系统是其稳定运行的基础。

循环流化床锅炉之所以能实现循环燃烧和高效脱硫，物料循环系统起到了关键作用，因此它也是循环流化床锅炉的核心系统。深入理解和掌握这一系统的结构和原理，对锅炉的安全、稳定、经济运行有重要的意义。

(2)物料内循环系统的作用。炉膛下部积累的稳定物料是燃料稳定燃烧的热源保证。物料内循环系统内的物料积累了一定的焦炭，这使得锅炉在断煤的情况下也可以保证机组稳定运行一段时间。

(3)物料外循环系统的作用。

① 防止炉内烟气由回料系统窜入分离器。物料通过立管和返料阀由低压部位送入炉膛下部的高压部位，因此系统必须有一足够的压头克服这个压差。

②提供热载体并调节床温。对于带有外置换热器的循环流化床锅炉，一部分外循环物料进入外置换热器作为热载体为受热面提供热源。同时，通过这部分外循环物料的温度变化来调节床温。

③保证物料高效分离。无论循环流化床锅炉是高负荷运行还是低负荷运行，系统中的分离器均应有较高的分离效率，使烟气中的固体物料捕捉下来，减小飞灰量和尾部受热面磨损，降低机械不完全燃烧热损失。

④保持循环物料的稳定。炉膛内流化状态、燃烧和传热都与回料的质量(数量和粒度)有关。要保证锅炉安全稳定运行，达到较高的燃烧效率和额定出力，就必须保持一定的回料量，并保证回料的连续稳定。

2.循环物料分布特征分析

(1)循环物料的构成。通常条件下，炉膛内物料主要由 SiO_2，Al_2O_3，Fe_2O，CaO，$CaSO_4$和焦炭等构成。物料中 SiO_2，Al_2O_3和 Fe_2O 为主要成分，SiO_2的质量分数一般为 40%~60%，Al_2O_3的质量分数一般为 20%~30%，Fe_2O 的质量分数一般为 3%~10%。随着脱硫用石灰石的增加，CaO 和 $CaSO_4$含量也不断增加。

焦炭在炉内的平均含量与燃料的燃烧特性有关。褐煤的底渣可燃物含量一般低于 0.5%；烟煤的底渣可燃物含量一般为 1.5%左右；贫煤的底渣可燃物含量一般为 2%~3%；无烟煤的底渣可燃物含量一般为 3%以上。此外，底渣可燃物的含量明显与底渣份额和燃煤粒径有关。

(2)循环物料分布状态与分布特征。对循环流化床锅炉，按炉内的物料浓度通常将炉膛分为密相区、过渡区和稀相区三个区域。循环流化床运行状态下，在物料循环回路的不同部位，物料粒径的分布和可燃物含量有很大区别。物料在炉内的分布大致分为内循环物料、底渣、外循环物料(循环灰)和飞灰四种类型。

①内循环物料和底渣。内循环物料的稳定是循环流化床锅炉热量平衡的基础，也是循环流化床锅炉正常运行的关键。在密相区、过渡区和稀相区存在不同的循环方式，同时三个区域的物料特性有很大区别。沿炉膛高度，物料粒径和焦炭含量逐渐减小，密相区物料与底渣相似，稀相区物料与外循环物料相似。因此，炉膛在对循环物料分布的作用上起到一个自然的“筛选”作用，粗的颗粒在炉膛下部密相区循环，细的颗粒进入炉膛上部参与内循环和外循环，过渡区成为粗细颗粒的分界区域。

底渣由密相区内排出的物料组成，主要是煤中所含的矸石、未破碎的大煤颗粒、返料管回送的循环灰等。底渣中的可燃物含量一般比炉内的平均可燃物含量大。由于煤的破碎作用，底渣的粒度分布可能会比入炉煤细。

②外循环物料和飞灰。外循环物料指通过炉膛出口进入分离器并回到炉内的物料。外循环物料的粒径一般在 0~0.3 mm，可燃物含量一般在 1%以下。

采用旋风分离器结构的外循环物料的粒径一般小于 0.15 mm，飞灰粒径一般小于 0.1 mm，由进入分离器未分离下来的内循环物料构成。

飞灰可燃物含量是以上四种物料类型中最高的，也是分析评价循环流化床锅炉燃烧效率的基础参数。同一煤种在相同的运行条件下，随着脱硫用石灰石的增加，飞灰总流量相应增加，但飞灰可燃物总量基本不变，则飞灰可燃物含量会相应减小。

一般情况下，通过燃烧优化调整，可提高分离器分离效率，减小飞灰粒径，同时可有效降低飞灰可燃物。

3.物料平衡

(1)物料平衡的意义。在正常的运行状态下，炉膛中上部的压力按一定规律衰减，同时对炉膛中部的压力值有一定要求，以保证足够的物料浓度。对循环流化床锅炉，炉膛上部的表面传热系数取值大，表面传热系数的增加很大一部分靠物料的对流换热得到。因此，只有维持炉膛中上部一定的物料浓度，才能使炉膛下部热量被及时带到炉膛上部，以保证整体温度分布均匀。

对循环流化床锅炉，烟气将炉膛内的热量和物料带到炉膛上部的同时，必然在离开炉膛的同时将循环物料和热量带出炉膛，热量以烟气为热载体通过尾部烟道的受热面吸收，而循环物料，需要分离器分离后送回炉膛继续参与循环。但是分离器并不能将离开炉膛的全部循环物料进行分离，总有一部分物料与烟气一同进入尾部烟道形成飞灰。这样，对循环流化床锅炉，分离器需要满足一定的分离效率，才能保证足够的物料在炉膛内循环。循环流化床锅炉带分离器的结构特点，造成物料循环上存在两种循环方式：炉膛内的物料内循环和炉膛与分离器组成的物料外循环。炉膛出口结构对循环流化床锅炉的物料内循环是有一定影响的，因为带到炉腔上部的循环物料并不全部离开炉膛，一部分会直接返回炉膛，这种物料的内循环现象还有待于进一步研究。

(2)实现物料平衡的指标。判断循环流化床锅炉物料分布特征和物料平衡的一个重要指标就是炉膛内的物料浓度分布。正常条件下，循环流化床锅炉炉膛内的压力分布沿炉膛高度按一定的指数规律衰减，相应的炉膛内的空隙率和物料浓度沿炉膛高度呈指数衰减。但直接测量沿炉膛高度空隙率和物料浓度的分布是非常困难的，工程上一般从炉膛压力分布的测量入手，通过沿炉膛高度的压力分布确定炉膛的物料浓度分布。

对炉内物料平衡的要求包括对炉膛下部(密相区、过渡区、稀相区)和中上部(稀相区)的物料浓度分布或物料量的要求。实际运行经验证明，内循环物料平衡，特别是炉膛上部的物料平衡对循环流化床锅炉的运行有重要意义。因此，循环流化床锅炉的物料平衡要求是指燃料带入的灰满足锅炉正常运行时对炉膛中上部的物料浓度或物料量的要求。

随着机组负荷的增加，炉膛的空床速度逐渐增加，带到炉膛上部的物料量增加，炉膛上部的物料浓度逐渐增大，对应的炉膛中部压力也逐渐加大，炉膛整体的床温增加并趋于均匀分布。

因此，在循环流化床锅炉的实际运行中，锥段上部与炉膛出口的压差是评价物料平衡是否实现的重要指标。该参数可以通过实际的运行数据进行实时在线监视。对炉膛下部的物料浓度和物料量，应保证下部物料均匀分布，炉膛下部物料浓度和物料量过高，会增加整体的床压降和工厂用电。

(3)影响物料平衡的因素。

①燃料灰分的影响。燃料灰分是影响物料平衡的基本因素。在循环流化床锅炉启动初期，机组过早带满负荷很困难，需要通过提高炉膛温度来满足。这是因为机组停炉期间的外循环物料损失较大，外循环物料的积累时间长于机组的升负荷时间要求。因此，在机组启动过程中通过添加一定的外循环物料来解决该问题。添加的循环物料主要有以下三种来源。

❖其他煤种的循环物料。电厂燃烧的煤质多变时，在燃烧高灰分煤种时可适当存储一定的循环灰。

❖脱硫用石灰石。石灰石在进行炉内脱硫的同时，也参与了炉内的物料循环。对高硫分的石油焦，如硫分在3%以上，脱硫后的折算灰分为21%左右，燃料灰分提供的循环倍率能够满足物料平衡的需要，可以不添加细砂就实现循环流化床锅炉对物料平衡的要求。

❖细砂。添加的细砂应满足一定的粒度要求。由于砂的颗粒密度大于灰的密度，细砂在分离器中分离效率更高。因此，对细砂量的要求并不是很高，定期添加一定的可循环细砂即可。

②燃料粒度的影响。由于煤的破碎特性不同，煤灰形成外循环灰的时间和量也就不同。对高挥发分、低灰分的燃料(如褐煤)，可适当增加煤的粒度以减少对添加的循环物料量的要求。

③分离器和返料阀的影响。分离器的分离效率对物料平衡和燃烧效率起着关键作用。正常运行条件下，通过底渣的排放和立管内物料料位的自平衡调节，进入炉内可生成的可循环物料量与飞灰量相当，外循环物料的粒径保持0~0.3 mm，炉内维持相当的物料量且平均粒径小于一定值。只有在满足此运行条件下，大量的焦炭才可在炉膛中上部燃烧，密相区释放的热量带到炉膛上部，炉膛设计中所取的换热系数与运行值相当，热量沿炉膛高度较为均匀地释放。

如果分离器分离效率降低，可循环物料量会减小。一般分离效率的降低同时意味着分离器捕捉细颗粒的能力降低，这会造成内循环物料和外循环物料的平均粒径增大，炉腔设计中所取的换热系数偏离(大于)实际能够达到的运行值。随着分离器分离效率的进一步降低，即使在满负荷条件下，循环流化床锅炉仍将以鼓泡床方式运行。

在实际运行中，由于分离器分离效率、运行控制、煤质特点等原因，常常无法满足循环流化床运行方式所需要的内循环物料量、外循环物料量及颗粒粒径的要求，常常以鼓泡床方式运行。为达到锅炉满负荷出力，通常加大给煤量运行，炉膛下部温度一般应在950 ℃以上。为减小密相区温度，通常采用较大的过量空气系数和一次风份额，而炉膛上部温度一般在 850 ℃以下，同时还出现水平烟道积灰、飞灰粒径偏大、省煤器频繁爆管等现象。

返料阀的影响主要是通过对分离效率的影响发生作用的。当立管的风量过大时，回料阀窜风严重，分离器效率降低。

④设计参数的影响。在其他参数相同的条件下，炉膛内的表面传热系数随着物料浓度的增大而增大。因此，对低灰分燃料，可适当减小炉腔内的表面传热系数设计值。

第五节　循环流化床锅炉运行常见问题及注意事项

近年来，我国大型 CFB 锅炉不断发展及壮大，在设计、制造、运行、安装、调试和商业运营等方面都积累了丰富的经验，对暴露出的一些问题，如风帽漏渣，水冷壁磨损爆管，耐火耐磨层开裂、脱落，冷渣器排渣困难，锅炉运行周期短，等等，各电厂都根据自己的情况进行了改造和完善，现已基本解决。但随后又暴露出的锅炉效率达不到设计值，飞灰、底渣含碳量高，锅炉压火及启动时易发生点火风道再燃，厂用电率偏高，同煤粉炉相比安全运行周期短，维护量大，停炉检修工期长等问题，影响了 CFB 锅炉的发展。

一、启动过程

启动过程中易出现的问题、原因及解决措施如下。

(1)启动过程中，点火风道内易出现浇注料开裂、脱落、风道烧损等问题。主要原因有以下几点。

①浇注料产品质量不合格，性能指标达不到设计要求。

②浇注料在施工时工艺不佳，没有按照材料厂家的要求进行施工，膨胀纹留得过大或过小。

③冬季施工时作业面温度过低，没有采取一定的保温措施，影响浇注料的使用性能。

④浇注料在烘炉时没有按照厂家规定的烘炉曲线进行烘炉工作，导致浇注料没能达到设计性能要求。

⑤启、停炉时没有按照规定进行降温降压，如果采用不正常的快速冷炉方法将造成浇注料开裂和脱落。

⑥点火启动时油枪出力过大，造成点火风道内超温达 1200 ℃以上，火焰从浇注料膨胀纹中窜入保温浇注料内，使保温浇注料烧损，造成浇注料销钉碳化(销钉使用温度为 1050~1100 ℃)，严重时会烧坏点火风道，甚至被迫停炉抢修。

⑦风帽漏渣严重，造成点火风道通风面积减小，影响一次风量，致使点火风道内物料燃烧，烧损点火风道内浇注料，造成开裂或脱落。另外，大量物料残留在点火风道内，

在风的吹力下，会长期冲刷点火风道内的浇注料，造成浇注料磨损脱落。

⑧油枪雾化不良，点火时使局部产生高温，烧损点火风道内的销钉，造成浇注料脱落。

⑨点火时点火风道内配风不好，一次风量过大或过小，造成火焰偏斜，引发点火风道内浇注料烧损脱落。

(2)防止点火风道内浇注料开裂及脱落的措施。

①选用优质浇注料厂家产品，并尽量由生产厂家人员来施工，加强对施工工艺及过程的全面监督，以保证施工质量。

②改进风道内销钉布置方式及材质。

③在耐火耐磨层与保温层之间增加防止火焰窜入的耐磨隔热材料，以防止火焰窜入保温浇注料内，烧损销钉及保温浇注料。

④烘炉时严格按照材料厂家的烘炉曲线进行，合理分布通气孔和孔径。

⑤点火启动时，必须严格控制油枪出力，保证点火风道内温度不超过1200 ℃。有条件时，可在点火风道火焰中心处加三个温度测量点，以监视点火风道内的温度变化。

⑥合理选用油枪出力，每次点火前要进行油枪雾化试验，不合格的必须进行处理，防止火焰偏斜或雾化不良。

⑦严格控制床温升温速度。

⑧根据设计要求，合理控制一次风量与点火增压风量的配比，防止火焰偏斜。

⑨如果风帽漏渣严重，点火风道内积存大量物料，在停炉检修时，应在点火风道下部加装排渣设备，以保证点火风道内通风面积。

⑩停油时，油门不严或未关严，使点火风道内因漏油而沉积大量可燃气体，启动时又未进行吹扫，造成点火风道炉腔爆燃。

二、点火风道炉膛爆燃

1.点火风道炉膛爆燃的原因

(1)由于在启动初期炉膛内温度低，当燃料中可燃气体挥发分析出后，未完全燃烧或未达到燃烧条件时，沉积在炉膛或点火风道内部，遇火星或火苗，瞬间突然燃烧而产生爆燃。

(2)风量配比不当。可燃物析出后没有足够的燃烧氧量，当达到一定程度时突然爆燃。

(3)司炉人员操作不当。启动中当床温降温时，未查明原因，盲目加大煤量，使炉内产生大量可燃气体(炉内缺氧)，达到一定程度(即达到可燃物与氧气爆炸比例)时引起点火风道炉膛爆燃。

(4)点火风道内由于风帽漏渣，积蓄大量可燃物料(特别是热态压火时)，当启动风机投油操作不当时，引起点火风道内大量可燃物瞬间爆燃。

（5）投油点火启动时，一次风量不足，未能使床面很好地流化，造成点火风道通流面缩小，使大量火焰后移，反窜到点火风道及一次风道内，烧损风道及设备。

（6）燃用高挥发分的煤种。

2.防止点火风道、炉膛爆燃的措施

（1）点火启动前应认真检查各处的温度，并启动引风机吹扫可能产生的可燃气体残留物。

（2）认真执行操作规程。投煤初期应间断性点动给煤，并及时观察床温变化与氧量变化情况，如变化异常应立即停止给煤。

（3）在停炉压火前，应尽量将炉内物料燃烧完全，再停炉压火。特别是燃用高挥发分的煤种的锅炉，压火1 h后应开启风机挡板进行吹扫，防止未燃物料产生大量可燃气，从而产生爆燃。

（4）投油时要保证一定的流化风量，合理控制一次风量与增压点火风量的配比。

（5）当达到投煤条件时，认真检查炉内及点火油枪燃烧情况。采用点动投煤时，加强对床温各点的监督。

（6）当发生点火风道内有大量积渣现象时，应采用大风量进行吹扫（有条件的可进行排渣），然后降一次风量进行点火启动，以防止风道内积有大量可燃气体，在投油后产生爆燃。

（7）停油前，应认真观察炉内燃烧情况，确认燃料已经燃烧，逐渐减小油枪出力，加大给煤量，最后退出油枪。运行期间应加强对炉内煤着火情况的观察（有看火孔），以确认煤是否着火，合理控制二次风量配比，控制氧量在规定范围内。

（8）如果遇到紧急停炉，应加强对炉内及点火烟道内温度的监视，有条件时可开启引风机进行吹扫，如厂用电气中断，可采用开风机挡板的方法抽几分钟，确认炉内及风道内的挥发分可燃物已抽净，然后再采取压火方式等待启动。

（9）当遇到紧急停炉（如厂用电气中断）重新启炉时，如果床压为8~10 kPa，启动前应进行排渣工作，使炉内床压控制在5~7 kPa为佳，以防止因床压过高，造成启炉时费油或阻碍烟气的穿透能力，同时也防止点火风道内温度过高而烧损风道。

（10）每次停油时，都要认真检查油门情况。如油门不严，要及时处理。

三、点火启动

点火启动时间长、耗油量大的原因及解决办法与措施如下。

1.原因

（1）床料过厚，造成流化风量大，床温升速慢。

（2）一次风量过大，造成细床料被风带走，使炉内物料颗粒度比例失调。

(3) J形阀内物料存储慢(由于风量过大)，使烟气从J形阀中直接排出，影响回料及升床温。

(4)初期启动床温升速过慢，造成启动时间过长。

(5)运行人员操作不当使流化风量过大，造成物料损量大，不得以需补充床料，造成床温下降。

(6)高压流化风量调节不当、回料不正常或不回料，使炉内循环不正常。

(7)油嘴雾化不良，燃烧时风配比不当。

2.解决办法与措施

(1)首先应将油枪雾化试验做好，以备点火之用。

(2)如果床压较高，应进行排渣工作，将床压维持在5~7 kPa为佳。

(3)如果正常压火启动，其炉内床料可燃物基本燃尽。当床温在400 ℃以下时，可采用床面物料微流化状态进行点火启动；当床温升到400 ℃以上时，应加大一次风量，调整到正常流化风量；当床温在400 ℃以下时，床料升温速度可提高到3~4 ℃/h，因为此时床面物料无可燃物，不会引起炉内结焦。

(4)合理调整高压流化风量，使回料系统尽快循环起来，以达到锅炉燃烧正常化。

(5)有条件时，在投煤初期应选用挥发分较高的煤种，以达到煤尽快燃烧的目的。

(6)当床温达到投煤温度时，应点动投煤，加强观察炉内燃烧情况，如投煤不着火，则停止给煤；如已着火，则要控制一次风量和给煤量，注意监视氧量变化，防止因氧量不足而影响原煤燃烧。

(7)当炉内原煤已着火，根据燃烧情况，可减小燃油量，达到减油的目的。

(8)如果启动时床温在800 ℃左右，在启动风机的同时，应间断给煤，达到快速启动的目的，而不用投油。但应严格监视床温变化，防止发生爆燃和炉内结焦事故。

四、投煤

投煤后不着火、床温下降或床温各测点温度偏差大的原因及注意事项、预防措施及方法如下。

1.原因及注意事项

(1)炉膛温度低，达不到煤的着火条件。

(2)一次风量过大，使床面局部被吹空，投煤后煤被吹向周围，不能同床料很好地混合，从而达不到着火条件。

(3)投煤量大，风量过小，炉内氧量不足，满足不了着火条件。

(4)一次风量过小，造成点火风机风量降低，使风压降低。加之床料过厚，一次风压力高于点火风机出口压力，使料层阻力在降低风量后流化效果变差，造成大量高温烟气无法穿透料层，从而无法引燃炉内原煤。

(5)由于一次风量过小，造成料层流化效果变差，加之投入大量原煤，都积聚在料层上部，不能很好地与热物料和氧气相接触，造成投煤后不能顺利着火，还要吸收床料热量引起床温下降，如果此时为局部投煤，将引起床面各部温度偏差较大。

(6)由于一次风量过大，加之床面物料不多，经大风量吹动后使床面细物料被抽走排出，返料器又产生短路，引发返料器不返料，时间一长造成布风板流化严重不均，局部吹空。此时投入的煤不能均匀撒播整个床面，而是积聚到局部，使床面温度严重不均，即局部超温或局部温度过低。

2.预防措施及方法

(1)应根据煤的着火特性，在达到着火条件时，间断给煤。如果投煤不着，应立即停止给煤，提高床温后试投。

(2)控制一次风量在最佳范围内，防止风量过大把炉内细粉吹走。另外，也应注意炉膛床温是否按规定比较平衡，偏差不得超过规定值。

(3)保证床压在规定范围内，防止偏床和床面不平衡影响煤的燃烧。

(4)监视回料系统是否正常回料，如不正常应进行调整，正常后再间断投煤。

(5)间断投煤时应分布均匀，即各给煤机互相间断投煤，以保证炉内给料均匀，防止局部给煤量大而产生燃烧缺氧现象。

(6)如果投煤后发生局部床温变化过快的情况，应立即停止给煤，并分析原因。如果是一次风量过小，应加大一次风量；如果是一次风量过大，应减小一次风量。

(7)如果床内流化不良，床压高时可采用排渣方式，以减小炉膛床面颗粒的比例，使之达到合理。

第九章　电厂锅炉事故及节能减排分析

【知识目标】

(1) 熟悉锅炉常见事故的现象、事故原因。

(2) 掌握锅炉常见事故的处理措施。

(3) 了解节能减排的重要意义。

(4) 掌握目前电厂锅炉常用的节能减排技术。

【能力目标】

(1) 能正确叙述锅炉事故的现象，并能及时找出事故原因。

(2) 能正确地分析锅炉事故，并能在仿真机上进行锅炉事故的处理。

(3) 能准确深入挖掘电厂存在的节能减排潜力，并能够正确地运用节能减排技术进行改造。

第一节　锅炉常见事故分析

锅炉事故主要指锅炉有些部件损坏或运行不正常，造成锅炉的一系列生产设备停止运行、供汽量明显减少甚至爆炸造成人身伤亡等事故。

锅炉事故发生的原因是多方面的，在锅炉设计、制造、安装、运行、改造、检修中的某个环节出现差错，都有可能引起锅炉事故，其中运行操作不当是主要原因。

如果发生锅炉事故，应该立刻采取各种有效措施，防止事故蔓延扩大。处理事故时应该遵循以下几个原则。

(1) 在确保人身安全和设备不受损坏的前提下，尽可能保持机组生产运行，减少不必要损失。

(2) 及时查找事故原因，消除事故的根源，有效限制事故的进一步发展，尽快减除对人身和设备的威胁。

(3) 应该保证厂用电源的正常供给，以防止事故进一步扩大。

(4) 查清并处理完事故后，要及时总结经验教训，对事故的责任者进行处理，并制定相应的防范措施。

电厂锅炉的事故主要包括水位事故、受热面爆管事故、燃烧事故等。

一、水位事故

1.满水事故

锅炉满水分为轻微满水和严重满水。水位高于最高水位，但是水位计仍然有读数时称为轻微满水；水位高到水位计已经没有读数时称严重满水。

(1)发生满水事故的现象。

①所有水位计指示水位高，且声、光信号报警。

②给水流量不正常地大于蒸汽流量。

③严重满水时主蒸汽温度急剧下降，过热器及蒸汽管道内发生强烈水冲击，汽轮机轴封、主汽门等处冒白汽。

④蒸汽含盐量增大，导电度增大。

⑤过热汽温下降。

(2)造成满水事故的原因。

①给水泵调速系统失灵，给水自动控制失灵。当自动控制系统逻辑出现故障、自动调节的执行机构故障或自动控制数据采集系统出现故障时，水位的自动控制与调节已无法正常工作。

②水位计失灵或指示低，引起操作人员误判断、误操作。

③负荷或汽压变化过大，控制不当。在调节过程中，操作人员对水位的调节特性掌握不够，不能在异常工况下及时作出正常的判断和处理，造成水位事故。

④正常运行监视水位不够，不能及时发现异常工况而失去处理的时间。

(3)对满水事故的处理。

①发现水位升高时，应校对汽包水位计，并立即采取降低水位的措施。将自动给水调节改为手动调节，减少给水；开启事故放水门，将水位放至+100 mm 以下关闭；稍开过热器疏水门，通知汽轮机运行人员打开汽轮机侧主蒸汽管道上的流水门，同时应降低锅炉负荷。

②如处理无效，水位继续升高，记录水位计、自动水位计同时上升至+200 mm 及以上，就地水位高于水位计可见边缘时，应立即紧急停炉并汇报值班长，通知汽轮机值班人员和邻炉值班人员。

③待事故原因已查明和消除，得到值班长批准后，重新点火投入运行。若不能恢复，应按正常停炉处理。

2.缺水事故

(1)发生缺水事故的现象。

①所有水位计指示低于正常水位，水位低声、光信号报警。

②给水流量不正常地小于蒸汽流量。

③严重时蒸汽温度升高，减温水流量增大。

④汽包水位低于-330 mm时MFT动作。

(2)造成缺水事故的原因。

①给水自动调节器失灵。

②水位计失灵或指示错误，引起操作人员误判断、误操作。

③负荷或汽压变化过大及安全阀动作。在调节过程中，操作人员对水位的调节特性掌握不够，不能及时作出正常的判断和处理，造成水位事故。

④监视水位不够，不能及时发现异常工况而失去处理时间。

⑤排污系统泄漏或操作不当。

⑥给水管路、省煤器、水冷壁泄漏。

⑦机组甩负荷。

(3)对缺水事故的处理。

①发现锅炉水位低时，应校对各水位计，设置给水自动，增加给水泵转速，加大给水流量，维持正常水位使水位迅速恢复正常。同时，检查给水门及事故放水门是否正常，是否误操作。

②如处理无效，水位继续下降且记录水位计、自动水位计同时下降至-200 mm及以下，就地水位低于水位计可见边缘时，应立即紧急停炉，汇报值班长，通知汽轮机值班人员和邻炉值班人员。

③禁止向严重缺水的锅炉止水。

④禁止开省煤器再循环门。

⑤如因水位下降而被迫紧急停炉，待缺陷消除后，经值班长批准，方可重新点火投入运行。

⑥如对缺水程度不明，需经检查同意后方可上水重新点火。

⑦如不能恢复运行，按正常停炉处理。

二、受热面爆管事故

省煤器、水冷壁、过热器和再热器等受热面的损坏爆破事故是锅炉事故中最常见的一种。当受热面管子爆破时，高温、高压汽水从爆破点喷出，不但要停炉限制电负荷，严重时还会发生人身伤亡。

1.省煤器爆管

(1)省煤器爆管的现象。

①省煤器区有响声，严重时有汽水喷出。

②锅炉汽包水位下降，给水流量不正常地增加。

③省煤器、空气预热器两侧烟温差增大，泄漏侧烟温偏低，空气预热器出口风温降低，引风机电流增大。

(2)省煤器爆管的原因。

①给水品质差。

②外部飞灰磨损和腐蚀。

③给水温度的变化。

④点火升压和停炉时，停止上水后，未及时开启省煤器再循环门，使省煤器过热。

⑤安装及检修质量不合格或错用钢材。

(3)对省煤器爆管的处理。

①省煤器爆管时，若损坏不严重，可加大给水量，尽力维持汽包水位，维持各参数在规定值短期运行。同时应汇报值班长，适当降低锅炉负荷，并做好停炉的准备。

②若损坏严重，不能维持正常水位，则应立即停炉。

③停炉后应至少保留一台引风机维持炉负压运行一段时间，以抽出烟道中的蒸汽，停炉后应关闭汽包和省煤器间的再循环门，以防锅水经省煤器漏掉。

2.水冷壁爆管

(1)水冷壁爆管的现象。

①锅炉汽包水位迅速下降，蒸汽压力、流量下降。

②给水流量不正常地大于蒸汽流量。

③炉膛内发出爆破声，炉膛负压减小甚至变正，炉不严密处向外冒烟或蒸汽。

④炉内燃烧不稳，火焰发暗甚至灭火。

⑤引风机电流增大。

⑥排烟温度降低。

⑦水冷式分离器的水冷壁爆破，返料温度降低，严重时导致返料器堵塞。

(2)造成水冷壁爆管的原因。

①锅炉水循环不良或管内有杂物堵塞；炉内局部结焦；长期低水位、低负荷运行；定期排污操作不当，以及忘关定期排污门等致使水循环破坏，局部过热，造成爆管。

②给水质量不符合标准或炉水监督不够，水冷壁管内部结垢或腐蚀造成爆管。

③制造、安装或检修质量不良。

④管子外部机械损坏或被异物碰坏。

⑤管壁被磨损变薄或被邻近爆破的管子吹坏未做处理。

⑥点火、停炉操作不当使管子受热不均而损坏。

(3)对水冷壁爆管的处理。

①若爆管时泄漏不严重，经过加大给水后能维持正常水位并不影响邻炉上水时，不

至于在短时间内扩大事故，则不必紧急停炉。应报告值班长，适当降低负荷，并做好停炉的准备。

②爆管严重，不能维持水位时，应立即紧急停炉。报告值班长，通知汽轮机值班人员及邻炉值班人员。

③停止一、二次风机运行，保留引风机运行，维持炉腔负压。

④在不影响邻炉给水的情况下，锅炉停炉后继续加强进水，如汽包水位仍不能回升时，则应停止对锅炉进水，但不应开启省煤器再循环门。

3.过热器、再热器爆管

(1)过热器、再热器爆管的现象。

①过热器有蒸汽喷出的声音。

②炉膛负压减小甚至变正，锅炉不严密处向外冒蒸汽或喷灰。

③过热器区烟道两侧烟温差增大，过热汽温剧烈波动。

④蒸汽压力下降，给水流量不正常地大于蒸汽流量。

(2)造成过热器、再热器爆管的原因。

①操作不当，燃烧不正常造成过热器管子长期过热而损坏。

②超温爆管，管外飞灰磨损与烟气的高温腐蚀。

③制造、安装、检修质量差，设计不合理，吹灰器安装、检修不良，吹灰角度不正确等也是造成过热器、再热器爆管的重要原因。

④蒸汽品质不合格，造成过热器管内部结垢。

(3)对过热器、再热器爆管的处理。

①运行中过热器、再热器爆管时，若损坏较轻，过热汽温或再热汽温尚能维持在规定范围，则可允许降低锅炉负荷运行一段时间。

②若损坏较重，汽温变化过大，不能维持在正常范围，且锅炉燃烧不稳定，则应立即停炉，以防由破口喷出的蒸汽吹坏邻近的管子，扩大事故。

三、燃烧事故

常见的锅炉燃烧事故有炉膛结焦和烟道二次燃烧等。这些事故一旦发生，就会造成锅炉设备损坏甚至人员伤亡，因此要有效预防。

1.炉膛结焦

(1)发生炉膛结焦的现象。

①氧量指示下降，甚至到零。

②严重时负压不断增大，一次风机电流下降。

③汽压增加，汽温降低。

④风室风压升高且波动增大，一次风量减少。

⑤出渣时渣量少或放不出。

(2)造成炉膛结焦的原因。

①点火升压过程中，煤量加入过快、过多。

②压火时操作不当。

③燃烧负荷过大，燃烧温度过高。

④放渣过多，处理操作不当。

⑤给煤机断煤，处理操作不当。

⑥负荷增加过快，操作不当。

(3)对炉膛结焦的处理。

①发现床温不正常升高，综合其他现象判断有结焦可能时，应加大一次风量和加强排渣，减少给煤量，控制结焦恶化，并恢复正常运行。经处理无效时，应立即停炉。

②放尽循环灰，尽量放尽炉室内炉渣。

③检查结焦情况。

④打开人孔门，尽可能将焦块及时扒出运行。

⑤结焦不严重时，将焦块扒出炉外后，点火投入运行。

⑥结焦严重，无法热态消除时，待冷却后处理。

2.烟道二次燃烧

锅炉烟道中沉积的可燃物质发生燃烧，称为烟道二次燃烧。

(1)发生烟道二次燃烧的现象。

①烟囱冒黑烟，氧量表指示变小。

②烟道各部分温度和排烟温度骤升，烟道和炉腔负压急剧波动甚至变成正压。

③严重时从烟道各孔、门处和引风机轴封处冒烟或火星。

④汽压、蒸汽流量下降，过热汽温、再热汽温及空气预热器出口风温部分或全部升高。

⑤CO_2和 O_2表指示不正常。

⑥烟道防爆门动作。

⑦锅炉各运行参数不正常，参数的变化与燃烧在烟道中的位置有关。

(2)造成烟道二次燃烧的原因。

①负压过大，大量未燃尽的燃料流入烟道内。

②燃烧工况失调。

③低负荷运行时间过长、停炉频繁。

④风量调节不当。

(3)对烟道二次燃烧的处理。

①运行中发现烟道温度、排烟温度不正常升高时，首先应检查风、粉配合情况及燃

烧工况，并调节燃烧方式，如降低火焰中心位置，投吹灰装置对受热面进行吹灰，必要时降低锅炉负荷。

②若采取上述措施无效，烟道和排烟温度急剧升高，并检查判明已发生烟道二次燃烧，应立即停炉，停止向炉内供应一切燃料。

③停止送、引风和一次风，关闭各风门挡板和烟道周围的门、孔，用蒸汽吹灰器或专用蒸汽灭火管进行灭火。

④打开省煤器再循环门保护省煤器，维持少量给水，保持汽包水位。

⑤根据汽温的变化情况及时调节减温水。

⑥开启旁路系统保护再热器。

第二节　节能减排分析

一、节能减排工作的意义

当前，我国经济发展正处于繁荣期，是工业化、城镇化加速发展的重要阶段。现阶段，能源资源消耗强度高，消费规模不断扩大，能源供需矛盾越来越突出，致使生态环境越来越脆弱。因此节能减排形势很严峻，任务也很重。

在节能减排工作中，火电厂潜力巨大。火电厂是一次能源用能大户，全年耗煤量非常巨大，提高火电厂的一次能源利用率，尽可能降低发电成本，成为全国各大发电企业及科研院所研究的课题。据统计，我国锅炉用煤占煤炭总量的80%以上，加之我国锅炉的设计、制造、使用环节中管理水平较低，缺乏科学节能管理机制等，致使锅炉热效率总体不高，能源浪费严重。因此，火电行业坚持走资源节约型、环境友好型道路，是履行社会责任、提升竞争力的必然选择。节能管理在火电运行管理工作中的重要性越来越突出，节能降耗水平成为衡量发电企业技术及管理水平的重要指标，关系到企业的核心竞争力和长期盈利能力。

二、火电行业节能减排工作的指导原则

(1)引进国内外先进设备，积极采用高效、洁净发电技术，提高机组发电效率。

(2)大力发展大型火电机组，发展超(超)临界机组、大型联合循环机组。

(3)发展热电联产、热电冷联产和热电煤气多联供。

(4)淘汰高能耗和高污染的小机组，提高单机容量。

(5)推进跨大区联网，实施电网经济运行技术。

(6)采用天然气发电机组替代燃油小机组。

(7)优化电源布局，适当发展以天然气和其他工业废气为燃料的小型分散电源，加

强电力安全。

三、节能减排的措施和途径

节能减排贯穿在火电厂的规划、设计、运行、管理等各方面，只有针对性地制定相应措施，才能有效做好工作。

1.做好规划设计

(1)发展热电联产。积极鼓励、支持、优先发展热电联产集中供热，提高火电厂的热效率。

(2)新电厂各系统及辅助机械设计、选型时，尽量考虑系统合理、选择出力配置适当、技术先进的节能型设备装置，规避富余量过大及技术落后、能耗高的设备消耗过多的厂用电。

(3)合理布局建设新电源点，优化接线方案。尽量均衡布局新建电厂，只有当火电厂在电力系统中的接线方案合理时，才能降低电网损率，避免功率过多地损失在输电环节，提高火电厂输出功率的利用率。

(4)投产大容量机组。新建设电厂在锅炉机组选型时，尽可能多采用高参数、大容量机组。

2.加强节能控制

火电厂的主要生产环节大致分为燃料的采购及入厂、入炉，水处理，煤粉制备，锅炉燃烧，蒸汽的生产和消耗，汽轮机组发电和电力输送，等等。发电过程中任何一个主要生产环节中均存在能源损耗的问题，如果能够有意识地通过利用有效的技术及管理手段使各环节的能源消耗水平得到合理控制，并努力消除生产过程中可以避免的能量浪费，就能真正达到节能的目的。

(1)提高燃煤质量。一般来说，燃料成本约占发电成本的70%以上。如果燃煤质次价高且运输、储存过程中损耗过大，燃料成本就会很高。燃煤质量差，则锅炉燃烧稳定性差，燃烧效率低，锅炉本体及其辅助设备损耗加大，显然对发电厂是极其不利的。如果燃煤质好价优，则锅炉燃烧稳定、效率高，机组带得动负荷，不仅能够减少燃料的消耗量，更有利于节约发电成本。因此，燃煤的采购及入厂、入炉燃料的控制是发电厂节能工作的源头。

(2)降低制粉系统单耗。制粉系统的耗电量约占电厂用电的30%，因此，应该在保证制粉系统出力、煤粉细度合理的前提下，尽量降低制粉系统单耗，是节能的重要手段。

(3)锅炉是最大的燃料消耗设备，因此要不断提高锅炉燃烧效率。燃料在锅炉内燃烧过程中的能量损失主要有五种，分别是排烟损失、机械不完全燃烧损失、化学不完全燃烧损失、散热损失、灰渣物理热损失。因此，只有通过减少各项损失，提高锅炉燃烧效率，才能实现锅炉燃烧的节能控制。

(4)提高汽轮机效率。汽轮机运行时，其能量损失主要指级内损失。另外，汽轮机排汽也会造成一定的冷源损失。反映汽轮机效率水平的主要指标为汽耗率及机组热耗率。汽轮机的节能改造措施主要有通流部分改造、汽封及汽封系统改造、低压转子的接长轴、改进油挡结构、防止透平油污染、防断油烧瓦技术、改善机组振动状况、改进调节系统等。此外，应加强对汽轮机的检修，以提高运行的稳定性。

(5)改善蒸汽质量。汽压低，外界负荷不变，汽耗量增大，煤耗增大。汽压过低，会使汽轮机减负荷。过热、再热蒸汽汽温偏低，压力低时热焓减少，做功能力下降。即当负荷一定时，汽耗量增加，经济性下降。合理控制这两大指标，进而提高经济性，具有重大意义。

(6)使用汽动给水泵。电动给水泵耗电量占电厂用电的30%左右，将电动给水泵改为汽动给水泵，可以大大降低厂用电率。汽动给水泵是消耗蒸汽的热能，是由煤经锅炉转换成主蒸汽做功后，或不做功就进入给水泵汽轮机直接拖动给水泵。也就是说，给水泵汽轮机的拖动蒸汽有两种可能：一种是锅炉的新汽，另一种是进入主汽轮机后做了部分功的抽汽。后者实现了能源的梯级利用，增加了抽汽量。其排汽一部分排入回热系统的除氧器，作为回热用；另一部分排入供热系统作为供热量的一部分。因此，热电厂给水泵汽轮机是背压机组，没有冷源损失，能效很高，对节能降耗具有积极作用。

(7)采用变频调速技术。变频调速技术是一项节能效果显著的技术，是一种以改变电机频率和改变电压来达到电机调速目的的技术。火力发电厂有些辅机设备中，风机、水泵类设备占了绝大部分，这些用电设备功率大，而且经常处于变负荷的状况下运行，调节流量的方式多为挡板或节流阀调节。由于这种调节方式仅仅改变了通道的通流阻抗，而电动机的输出功率并没有多大改变，所以浪费了大量能源。因此，在火力发电厂实际生产中，利用变频技术对这些设备的驱动电源进行变频改造，特别是负载变化的用电设备，节电效果好且投资较小，节能效果显著。

(8)加大节能技术改造力度，减少能耗损失。例如，加装锅炉和汽轮机冷态蒸汽加热系统，缩短升炉、开机时间，减少开机能耗损失；改造锅炉水力除灰系统，节约用水用电；对锅炉空气预热器进行改造，减少空气预热器漏风；对汽轮机真空系统进行查漏、堵漏，更换凝汽器铜管，加装胶球清洗装置；改善凝汽器真空、端差、过冷度，提高热效率。

3.加强生产管理

(1)加强基础管理，落实责任，层层重视，组织节能工作有效开展。根据节能工作需要，及时制订和修订节能管理制度、规定；定期检查节能管理规定的执行情况；组织分析生产技术指标及审定整改方案；加强生产用水、用电的管理，建立各种台账，检查节水、节电工作，并提出考核意见。

强化生产过程管理，提高机组运行水平。要求运行人员增加节能意识，规范操作，进一步提高系统分析问题的能力；要根据煤质、负荷等情况，探索出机组稳定、经济运行指导值，对出现的异常要认真对待，进行横、纵比较，弄清异常的真正原因，加强设备巡检、检修消缺管理，制订周密的检修计划，扎实推进设备状态管理制度，提高检修质量和设备健康水平，降低非计划停运率，为节能提供设备基础。

(2)积极推进运行技术的创新。积极学习、掌握燃烧优化运行方案。运行人员积极组织燃烧，加强燃烧调整，合理配风。一切都以提高发电量为出发点，因为负荷上升，锅炉热负荷加强，炉膛温度提高，燃烧稳定性得到提高，相应的熄火次数燃油量、厂用电率、供电煤耗就会降低。同时，应提高运行人员的技术水平和责任心。

(3)加强燃料管理，加强对入厂煤的检验。燃料是成本控制的重点，为便于管理，减少成本的可变因素，燃料的购货价应以热值为单位，逐步做好选购燃煤的经济性分析。加强入厂煤的监督，加强配煤掺烧管理，提高燃烧效率，减少能耗损失。

(4)加强小指标对标管理。小指标对标管理的方法有对标国家标准和各同行企业对标等，通过广泛深入开展对标管理活动，可以找到缺点，然后针对不足，建立"对照先进，查错纠弊，持续改善，不断超越"的长效工作机制，全面提高电厂竞争能力和发展能力，降低机组能耗，用小指标保大指标，确保实现电厂各项目标。

(5)加强节能宣传和运行人员的节能培训。火电企业要广泛开展节能宣传教育活动，不断营造一种人人想着节能、人人参与节能、事事为企业节能做贡献的良好氛围，不断提高职工的节能意识。员工有了节能意识还不够，要在生产运行中把自己的想法付诸实践，积极进行节能改造，这就需要储备一定的节能知识，所以还要对各岗位生产运行人员进行节能培训，通过节能培训来有效地提高企业职工的节能技改技术水平和综合素质，不断激发职工的潜力和工作热情，更好地促进节能减排工作的有效进行。

参考文献

[1] 王乃华，李树海，张明，等.锅炉设备与运行[M].北京：中国电力出版社，2008.

[2] 陈曲进，周慧.电厂锅炉设备[M].北京：中国电力出版社，2013.

[3] 郭迎利，何方.电厂锅炉设备及运行[M].北京：中国电力出版社，2010.

[4] 周菊华.锅炉设备[M].2版.北京：中国电力出版社，2006.

[5] 宁夏电力公司教育培训中心，国电电力武威发电有限公司.锅炉设备及运行[M].北京：中国电力出版社，2013.

[6] 魏毓璞.循环流化床锅炉新技术应用[M].北京：化学工业出版社，2015.

[7] 芮新红，朱皑强.循环流化床锅炉设备及系统[M]. 2版.北京：中国电力出版社，2018.

[8] 杨建华.循环流化床锅炉设备及运行[M].3版.北京：中国电力出版社，2014.

[9] 辛广路. 工业锅炉运行与节能减排操作实务[M].北京：机械工业出版社，2014.

[10] 姜锡伦，屈卫东.锅炉设备及运行[M].2版.北京：中国电力出版社，2010.

[11] 徐生荣.锅炉原理与设备[M].北京：中国水利水电出版社，2009.